Anlage und Berechnung von Gasfernleitungen in technisch und wirtschaftlicher Beziehung

Von

Dr. Ing. H. Hempelmann

Mit 22 Abbildungen und 2 Tafeln

BERLIN W.
VERLAG VON M. KRAYN
1914

INHALT

Vorwort.

Seit jüngster Zeit ist man dazu übergegangen, in größerem Maßstabe Koksgas durch Fernleitung zu verteilen und an Stelle von Leuchtgas zu verwenden. Bei den Erzeugungsstellen, den Kokereien der Zechenanlagen hat man in vielen Fällen keine geeignete Verwendung für das in großen Mengen als Nebenprodukt entfallende Koksgas, der eigene Kraftbedarf der Zechenanlagen ist vielfach nicht so groß, daß das ganze Gas für die Krafterzeugung nutzbar gemacht werden könnte. Man suchte und fand einen Absatz für das Koksgas in seiner Verwendung für kommunale Zwecke als Ersatz des in besonderen Gaswerken erzeugten Leuchtgases. Bei dieser Verwendung ist außerdem noch die Möglichkeit geboten, das Gas lohnender zu verwerten, als dies bisher für die Krafterzeugung möglich war.

Dem Koksgase kommt bei seiner Verwendung zur Krafterzeugung ein bestimmter Wert zu, der sich zahlenmäßig berechnet aus der Ergiebigkeit des Gases als Energiequelle im Vergleich zur Kohle. Diesen Wert will ich mit Kraftwert bezeichnen. Andererseits besitzt das von den Gaswerken erzeugte und in Behältern aufgespeicherte Gas einen bestimmten Wert, der sich ergibt als Summe aller Kosten der Gasgewinnung bis zum Eintritt in den Behälter, vermindert um den Wert der Nebenerzeugnisse, Koks, Ammoniak, Teer usw. Diesen Wert will ich Behälterwert nennen. Der Unterschied zwischen Behälterwert und Kraftwert stellt das volkswirtschaftliche Bruttoergebnis der günstigeren Ausnutzung der Koksgase durch ihre Verwendung für kommunale Zwecke dar. Um zum Bruttogewinn zu gelangen, ist zu berücksichtigen, daß beim Bezug des Koksofengases eine Reihe von Einrichtungen der Gaswerke überflüssig wird und dadurch eine außerordentliche Wertminderung erleidet, z. T. sogar vollkommen wertlos wird. Dieser Wertverlust ergibt sich als Differenz aus dem Gebrauchswert der Anlagen und demjenigen Werte, der ihnen beim Übergang von der eigenen Gaserzeugung zum Bezuge von Koksofengas noch verbleibt. Verzinsung und Tilgung dieses kurz als Wertminderung bezeichneten Betrages und die Kosten, die durch die Fortleitung des Gases von den Erzeugungsstellen zu den Verwendungsstellen und durch etwa erforderliche besondere Maßnahmen (Wassergasreserven u. ähnl.) erwachsen, sind von dem Bruttoergebnis abzusetzen; der verbleibende Betrag stellt den volkswirtschaftlichen Reingewinn aus der besseren Ausnutzung der Koksofengase dar.

Wie sich dieser Gewinn auf die einzelnen beteiligten Privatunternehmungen verteilt, ist zunächst eine Frage von untergeordneter Bedeutung, volkswirtschaftlich wichtiger erscheint es zu prüfen, durch welche Maßnahmen derselbe möglichst groß gemacht werden kann. Kraftwert, Behälterwert und die Größe der Wertminderung entziehen sich jeder unmittelbaren Einwirkung, sie sind vielmehr in ihrem Werte als festgelegt zu betrachten durch die verschiedensten zusammenwirkenden Faktoren. Eine Beeinflussung des volkswirtschaftlichen Ergebnisses ist also nur durch Einwirkung auf die Fortleitungskosten möglich; je geringer diese sein werden, desto größer der mögliche Gewinn. So stellt denn die Gasfernleitung der Technik in erster Linie die Aufgabe, die Fortleitung großer Gasmengen auf große Entfernungen in möglichst wirtschaftlicher Weise zu bewerkstelligen. Der Zweck dieser Arbeit ist es, die für die Ermittlung der wirtschaftlich vorteilhaftesten Leitungsanlage wichtigen Umstände auf dem Wege der Rechnung zu untersuchen.

I. Der Widerstand bei der Strömung in Rohrleitungen

Beim Transport von Flüssigkeiten oder Gasen in Rohrleitungen setzen sich die Kosten in der Hauptsache aus zwei verschiedenen Bestandteilen zusammen, erstens aus dem für Verzinsung und Tilgung der Rohrkosten aufzuwenden Betrage, zweitens aus den Kosten, welche die Erzeugung des Druckunterschiedes verursacht, der zur Bewegung des fortzuleitenden Mittels durch die Rohrleitung notwendig ist. Der Druckunterschied kann um so kleiner sein, je größer der Querschnitt der Rohrleitung ist. Wächst daher der Rohrkostenanteil, so nimmt der Druckkostenanteil ab. Für einen bestimmten Durchmesser wird die Summe aus beiden ein Minimum sein: dieser Durchmesser ist der wirtschaftlich günstigste.

Um diese Rechnung durchführen zu können, ist die Kenntnis des Druckunterschiedes oder des Strömungswiderstandes der Rohrleitung notwendig. Leider ist es noch nicht gelungen, für diese Größe einen allgemein gültigen Ausdruck anzugeben. Die vorhandenen empirischen Formeln sind wohl brauchbar innerhalb der engen Grenzen, aus denen sie gewonnen wurden, weichen jedoch in ihren Ergebnissen ziemlich stark von den wirklichen Verhältnissen ab, wenn diese Grenzen überschritten werden. Mangels Besserem aber muß damit gerechnet werden. An einer späteren Stelle wird noch die Rede davon sein, wie weit die erhaltenen Resultate Vertrauen verdienen, bezw. wie groß der Einfluß sein wird, den ein durch die Druckverlustformeln entstandener Fehler auf das Endziel, die Ermittlung des günstigsten Rohrdurchmessers ausübt.

In Nordamerika, wo durch eine außerordentlich großzügig betriebene Verwertung von Naturgas Fernleitungsanlagen schon seit mehreren Jahrzehnten in Betrieb sind, ohne daß man sich jedoch um die Erreichung eines Maximums von Wirtschaftlichkeit hätte kümmern müssen, bedient man sich zur Berechnung der Rohrdurchmesser verschiedener Formeln, von denen die meisten die nachstehende Form besitzen:

$$Q = c \cdot \sqrt{\frac{D^5 \cdot (p_1^2 - p_2^2)}{L \cdot \gamma}}$$

worin bedeuten:

Q . . . das in der Zeiteinheit durch die Leitung strömende Volumen,
L . . . die Leitungslänge,
D . . . den lichten Durchmesser der Leitung,
p_1 . . . den Druck des Gases am Anfang der Leitung,
p_2 . . . den Druck des Gases am Ende der Leitung,
γ . . . das spezifische Gewicht des strömenden Gases,
c . . . einen oft konstanten, oft aber auch von D abhängigen variablen Faktor, in dem auch der die Reibung berücksichtigende Koeffizient enthalten ist.

Diese Formeln sind lediglich Umformungen der Ledouxschen Formel [1]:

$$p_1^2 - p_2^2 = \frac{2 \cdot \lambda \cdot L}{D} \cdot \frac{p_1^2}{R \cdot T} \cdot \frac{w_1^2}{2g}.$$

Nach w_1, der Anfangsgeschwindigkeit des Gases in der Rohrleitung, aufgelöst, ergibt diese

$$w_1^2 = \frac{D \cdot R \cdot T \cdot 2g \cdot (p_1^2 - p_2^2)}{2 \cdot \lambda \cdot L \cdot p_1^2}.$$

Ist Q das in der Zeiteinheit strömende Volumen, bezogen auf den Druck p_0 und die Temperatur T_0, so ist

$$Q = w_1 \cdot \frac{\pi \cdot D^2}{4} \cdot \frac{p_1}{p_0} \cdot \frac{T_0}{T}$$

oder

$$Q^2 = \frac{\pi^2}{16} \cdot \frac{p_1^2}{p_0^2} \cdot \frac{T_0^2}{T^2} \cdot \frac{D^5 \cdot R \cdot T \cdot g}{\lambda \cdot L} \cdot \frac{(p_1^2 - p_2^2)}{p_1^2}.$$

R, die Gaskonstante für das fortgeleitete Gas, ist dann ausgedrückt durch die Gaskonstante R_l für Luft: $R = \frac{R_l}{\gamma}$ wenn γ das spezifische Gewicht des Gases, bezogen auf Luft, ist. Damit wird:

$$Q = \frac{\pi}{4} \cdot \left(\frac{R_l \cdot g}{\gamma \cdot T}\right)^{1/2} \cdot \frac{T_0}{p_0} \cdot \sqrt{\frac{D^5 \cdot (p_1^2 - p_2^2)}{\gamma \cdot L}}$$

Die vor der Wurzel stehenden Werte bilden den Faktor c der ameri-

[1]) Ledoux, Annales des mines 1892, S. 541 ff,

kanischen Formeln. Man sieht, in welcher Weise der die Reibung berücksichtigende Koeffizient λ in demselben enthalten ist.

Für diesen Koeffizienten gibt Ledoux noch eine Konstante an. Dagegen findet sich schon bei Weisbach λ als Variable — nach seinen Beobachtungen abhängig von der Geschwindigkeit — angegeben. Es läßt sich von vornherein erwarten, daß λ keine Konstante sein, sondern sich mit der äußeren Reibung der Flüssigkeit gegen die Wand (Rauhigkeit), mit der wechselnden inneren Reibung (Zähigkeit), mit dem Durchmesser der Leitung und mit der Geschwindigkeit der Strömung ändern wird. Einen Ausdruck für λ, der alle diese Größen berücksichtigt, gibt Biel [1]) an. Er setzt:

$$\lambda = a + \frac{b}{\sqrt{D}} + \frac{c}{v \cdot \sqrt{D}} \cdot \eta$$

worin a, b, c Konstanten, η dagegen den Einfluß der Zähigkeit darstellt. Die Berücksichtigung der Abhängigkeit von λ von der Geschwindigkeit v ist ohne weiteres möglich, wenn v über die ganze Rohrlänge konstant ist wie bei nichtzusammendrückbaren Flüssigkeiten. Ändert sich aber die Geschwindigkeit im Laufe der Strömung erheblich wie bei Gasen, sobald nur die Druckunterschiede einigermaßen bedeutend sind, so wäre damit auch für λ für jede Stelle der Leitung der zu der dortherrschenden Geschwindigkeit gehörige Wert einzuführen. Die hierin liegende große Erschwerung der ganzen Rechnung wird keineswegs aufgewogen durch die erzielbare größere Genauigkeit. Blaess [2]) weist darauf hin, daß der Einfluß der Geschwinddigkeit in den praktischen Grenzen von 6—22 m/sec. nicht allzu groß ist und bei größeren Geschwindigkeiten immer geringer wird. Er hat für seine Untersuchungen einen Ausdruck für λ benutzt, in dem nur die Abhängigkeit vom Rohrdurchmesser zum Ausdruck kommt. Dieser Weg soll auch hier eingehalten werden.

Es mag an dieser Stelle noch erwähnt sein, daß die neuesten Arbeiten über Strömungsvorgänge den Reibungswiderstand oberhalb der kritischen Geschwindigkeit nicht mehr als eine quadratische Funktion der Strömungsgeschwindigkeit ansehen. So schreibt Fritzsche [3]) für den Druckabfall in Rohrleitungen auf Grund angestellter Versuche:

$$\Delta p = 0{,}938 \cdot 10^{-3} \cdot \gamma^{n-1} \cdot \frac{w^n}{D^a} \cdot l;$$

---

[1]) Biel, Ueber Druckhöhenverlust bei der Fortleitung tropfbarer und gasförmiger Flüssigkeiten. (Mitteilungen über Forschungsarbeiten 1907, Heft 44.)

[2]) V. Blaess, Die Strömung in Röhren usw. (R. Oldenbourg, München 1911).

[3]) Fritzsche, Mitteilungen über Forschungsarbeiten. Heft 60.

Hierin ist

Δp . . . Druckabfall in kg/m²
γ . . . . specif. Gewicht in kg/m³
w . . . . Geschwindigkeit in m/sec.

$n = 1{,}852;\quad \alpha = 1{,}296.$

Nusselt[1]) weist nach, daß die obige Formel von Fritzsche mit den Grundgleichungen der Hydrodynamik in Einklang zu bringen ist, was nach demselben Autor von der Bielschen Formel z. B. nicht gilt. Andererseits vermißt Nusselt in dem Ausdruck von Fritzsche die Berücksichtigung der Zähigkeit.

Eine für alle Verhältnisse zutreffende Darstellung der Vorgänge bei der Strömung gibt es auch heute noch nicht. Ich habe daher die meist gebräuchliche Rechnungsart beibehalten, den Druckabfall als quadratische Funktion der Geschwindigkeit auszudrücken und die dabei durch den unzutreffend gewählten Exponenten etwa entstehenden Unrichtigkeiten durch den veränderlichen Koeffizienten λ auszugleichen. Es ist selbstverständlich, daß dabei nur Strömungsvorgänge oberhalb der kritischen Geschwindigkeit in Betracht gezogen werden dürfen.

Zur Bestimmung eines Näherungswertes für λ habe ich an Hochdruckfernleitungen in Amerika ermittelte und dort z. T. vielbenutzte Formeln verwandt, die dem „American Gaslight Journal" entnommen und in metrisches Maß umgerechnet sind.

In den Hochdruckleitungsformeln von der Form

$$Q = c \cdot \sqrt{\frac{D^5 \cdot (p_1^2 - p_2^2)}{L \cdot \gamma}}$$

ist in dem Faktor c der Koeffizient λ in der Form $\frac{1}{\sqrt{\lambda}}$ enthalten. Wie gezeigt ist

$$c = \frac{\pi}{4} \cdot \sqrt{\frac{R_l \cdot g}{\lambda \cdot T}} \cdot \frac{T_0}{p_0}$$

wenn nicht noch Dimensionskoeffizienten in dem Zahlenwert für c enthalten sind. Die in dem angegebenen Ausdruck vorkommenden Größen sind alle bekannt bis auf λ, welches also direkt daraus errechnet werden könnte.

Es ist erforderlich, über die Werte T, T_0 und p_0 hier einiges nachzutragen. T bedeutet die mittlere Jahrestemperatur in der Rohrleitung. Ich fand im Zusammenhang mit den Formeln hierfür den etwas niedrig erscheinenden Wert von 40 ° F., d. i. etwa 4,5 ° C.

---

[1]) Nusselt, Mitteilungen über Forschungsarbeiten. Heft 89.

angegeben. T_0 und p_0 sind diejenigen Werte von Temperatur und absolutem Druck, auf welche die Angabe des Volumens Q bezogen ist. Nach den in der amerikanischen Gaspraxis geltenden Festsetzungen sind diese Bezugsgrößen

$T_0 = 60°$ F. und $p_0 = 14{,}65$ Pfund/Quadratzoll, was etwa 15,5 ° C. und 1,051 atm. abs. oder 51 mm W. S. entspricht.

Zuweilen ist nicht der ganze Wert von λ in dem Koeffizienten c enthalten, z. B. wenn ein von D abhängiger Faktor von λ mit unter die Quadratwurzel gezogen ist oder dergl. In diesem Falle führt der oben angegebene Weg für die Berechnung von λ aus dem Wert c nicht zum Ziele. Ich habe daher λ nach einem anderen Verfahren, welches in jedem Falle anwendbar ist, ermittelt. Die verschiedenen untersuchten amerikanischen Formeln sind mit Werten, welche einem zu Newton, Mass., U. S. A., angestellten Versuch entnommen sind, nach Q aufgelöst. Aus diesem Werte Q (stündliche Durchflußmenge) ist der Wert w_1 (Geschwindigkeit bei Beginn der Strömung) in der Ledouxschen Formel durch die Beziehung ermittelt

$$w_1 = \frac{\frac{Q}{3600} \cdot p_0}{\pi \cdot \frac{D^2}{4} \cdot p_1} \cdot \frac{T}{T_0}$$

λ selbst ist dann aus der Ledouxschen Gleichung

$$p_1^2 - p_2^2 = \frac{2 \cdot \lambda \cdot L}{D} \cdot \frac{p_1^2}{R \cdot T} \cdot \frac{w_1^2}{2g}$$

ermittelt.

Die benutzen Formeln sind grundsätzlich zu unterscheiden in solche, welche λ als Konstante angeben und in andere, die λ als Variable einführen.

Die Formeln der ersten Gattung, zu ihrer Unterscheidung benannt mit den Namen, unter denen sie im „Gaslight Journal" angeführt werden, sind die folgenden:

1. Pittsburgh-Formel

$$Q = 182735 \cdot \sqrt{\frac{D^5 \cdot (p_1^2 - p_2^2)}{L \cdot \gamma}}$$

2. Formel von Cox

$$Q = 165440 \cdot \sqrt{\frac{D^5 \cdot (p_1^2 - p_2^2)}{L \cdot \gamma}}$$

3. Formel von Oliphant
   Formel I.

$$Q = 161\,640 \cdot \sqrt{\frac{D^5 \cdot (p_1^2 - p_2^2)}{L \cdot \gamma}}$$

4. Formel von Robinson

$$Q = 186300 \cdot \sqrt{\frac{D^5 \cdot (p_1^2 - p_2^2)}{L \cdot \gamma}}$$

Die Formeln, welche die Veränderlichkeit von λ mit D berücksichtigen, sind die folgenden:

5. Formel von Oliphant
Formel II.

$$Q = 161640 \cdot a \cdot \sqrt{\frac{(p_1^2 - p_2^2)}{L \cdot \gamma}}$$

6. Formel von Richard

$$Q = 344020 \sqrt{b} \cdot \sqrt{\frac{D^5 \cdot (p_1 - p_2)}{L \cdot \gamma}}$$

7. Formel von Weymouth

$$Q = 262500 \cdot \sqrt{\frac{D^{5^1/_3} \cdot (p_1^2 - p_2^2)}{L \cdot \gamma}}$$

In diesen Formeln bedeutet
D . . . den lichten Rohrdurchmesser in m,
p_1 . . . den absoluten Druck am Anfang der Leitung in kg/cm²,
p_2 . . . denselben am Ende der Leitung,
L . . . die Länge der Rohrleitung in km,
γ . . das spezifische Gewicht des geförderten Gases bezogen auf Luft,
Q . . . die stündlich durchströmende Menge in m³.

In der Formel von Oliphant II (Formel 5) ist a ein veränderlicher Wert, der D und λ enthält. An der fraglichen Stelle ist zur Verwendung in der für Zolleinheiten aufgestellten Formel für a die nachstehende Tabelle gegeben.

D (engl. Zoll)	a.
1	1,00 (?)
2	5,92
3	16,50
4	34,10
5	60,00
6	95,00
8	198,00
10	350,00
12	556,00
16	1160,00

D (engl. Zoll)	a.
18	1570,00
20	2055,00
24	3285,00
30	5830,00
36	9330,00

Diese Zahlenreihe folgt vom zweiten Werte (2 Zoll) ab mit sehr großer Annäherung (die geringen Fehler können unbedenklich auf den Einfluß von Abrundungen der a-Werte zurückgeführt werden) dem Gesetz

$$a^2 = D^5 [1 + \frac{1}{14,5} \sqrt{D}].$$

Für die in metrische Einheiten umgerechnete Formel ist zu setzen

$$a^2 = D^5 [1 + 0,4327 \sqrt{D}].$$

Damit läßt sich dann die Formel 5 schreiben

$$Q = 161\,640 \cdot \sqrt{\frac{D^5 \cdot (1 + 0,4327 . \sqrt{D})(p_1^2 - p_2^2)}{L \gamma}}$$

Allgemein ist Q proportional $\sqrt{\frac{D^5}{\lambda}}$, in der vorstehenden Formel ist dies geschrieben

$$Q = c \cdot \sqrt{D^5 (1 + 0,4327 . \sqrt{D})}$$

Hieraus folgt für das Gesetz der Abhängigkeit von D für λ der Ausdruck

$$\lambda = c' \cdot \frac{1}{1 + 0.4327 \cdot \sqrt{D}}$$

in welchem c' eine Konstante ist.

In der Formel von Richard, die wie bemerkt werden mag, an sich nur für kleine Druckunterschiede richtig ist, da sie mit der Differenz der Drücke statt der Differenz der Quadrate der Drücke rechnet, bedeutet b einen veränderlichen Wert, der λ abhängig von D enthält und der im „American Gaslight Journal" in folgender Zahlentafel angegeben wird.

D (engl. Zoll)	b.
1	0,35
1¼	0,50
1½	0,662 (?)
2	0,565
2½	0,65
3	0,730

D. (engl. Zoll)	a.
3½	0,787
4	0,840
5	0,934
6	1,000
8	1,125
10	1,200
12	1,260
16	1,340
20	1,400
24	1,450

Der allgemeine Proportionalitätsfaktor für Q, $\sqrt{\frac{D^5}{\lambda}}$ ist in der Richard-Formel geschrieben

$$\sqrt{b \cdot D^5}$$

Hieraus folgt λ umgekehrt proportional b, also

$$\lambda = c \cdot \frac{1}{b}.$$

In der Formel von Weymouth schließlich ist Q proportional $\sqrt{D^{5^1/_3}}$, d. h. hier ist λ ein Ausdruck von der Form

$$\lambda = c \cdot \frac{1}{\sqrt[3]{D}}.$$

Die Versuchswerte, welche in die verschiedenen Formeln eingesetzt zur Ermittlung von Q und dadurch von λ dienen sollen, wurden an einer Leitung von 6 Zoll lichtem Durchmesser und 9600 Fuß Länge gewonnen. Bei einem Anfangsdruck von 10,00 Pfd./Q. Z. Überdruck und einem Enddruck von 9,28 Pfd./Q. Z. Überdruck war die gemessene stündlich durchgeströmte Menge 18 200 Kubikfuß oder 515,34 m³. Das spezifische Gewicht des Gases, bezogen auf Luft, war 0,6. Über die Art der Messung und die eingehaltene Genauigkeit sind nähere Angaben nicht gemacht, da es sich jedoch bei dieser ganzen Rechnung lediglich um die Gewinnung von Vergleichswerten handeln kann, so ist dieser Punkt nicht von allzu großer Bedeutung.

Die mit Gruppe I der Formeln (λ konst.) erhaltenen Resultate sind in der Zahlentafel 1 zusammengestellt. Spalte 1—3 der Zahlentafel 2 zeigt die mit Gruppe II' (λ veränderlich mit D) errechneten Resultate. In Spalte 4 und 5 sind die Ausdrücke für λ nach Blaess [1]) bezw. Biel [2]) angegeben. In Zahlentafel 3 sind die nach

[1]) V. Blaess, Die Strömung in Röhren usw. (Oldenbourg, München 1911.)

[2]) Biel, Ueber Druckhöhenverluste . . . (Forschungshefte Nr. 44).

den verschiedenen Ausdrücken für λ für eine Reihe von Durchmessern errechneten Zahlenwerte des Koeffizienten zusammengestellt.

In Abb. 1 ist der nach den Formeln von Oliphant II, Richard und Weymouth sich ergebende Verlauf von λ in Abhängigkeit von D graphisch dargestellt. Als Vergleich sind die nach Blaess berechneten Werte ebenfalls eingezeichnet. Auch die von Gruppe I der Formeln herrührenden Werte sind über dem fraglichen Durchmesser als Einzelwerte aufgetragen. Aus der graphischen Darstellung sowohl als aus den Zahlentafeln ersieht man, daß man die Abhängigkeit des Koeffizienten λ von D keinesfalls vernachlässigen darf. Er ist im Bereiche der angestellten Rechnungen bei den kleinsten Durchmessern etwa dreimal so groß wie bei den größeren. Auf einen mittleren Wert bezogen beträgt die Änderung etwa $\pm$ 50 vH.

Zahlentafel 1.

Werte des Koeffizienten λ in verschiedenen Formeln.

I. λ = const.

Nr.	Name der Formel	Formel	Stündliche Menge Q in m³ errechnet	Abweichung gegenüber der Messung %	λ
1	Pittsburgh	$Q = 182735 \sqrt{\frac{D^5 \cdot (p_1^2 - p_2^2)}{L \cdot \gamma}}$	520,52	+ 1 %	0,01943
2	Cox	$Q = 165440 \sqrt{\frac{D^5 \cdot (p_1^2 - p_2^2)}{L \cdot \gamma}}$	471,15	— 8,6 %	0,02371
3	Oliphant (I)	$Q = 161640 \sqrt{\frac{D^5 \cdot (p_1^2 - p_2^2)}{L \cdot \gamma}}$	460,33	—10,7 %	0,02484
4	Robinson	$Q = 186300 \sqrt{\frac{D^5 \cdot (p_1^2 - p_2^2)}{L \cdot \gamma}}$	530,49	+ 3,0 %	0,01870

Versuchsdaten.

L . . . . 2,926 km (9600′)
D . . . . 0,1524 m (6″ engl.)
p_1 . . . . 1,736 kg/cm² abs. (10 lbs/sq. inch) Ueberdruck
p_2 . . . . 1,685 kg/cm² abs. (9,28 lbs/sq. inch) „
γ . . . . 0,6 (Luft = 1)

Gemessene Gasmenge 515,34 m³/Std (18200 cf/Std). Hieraus nach der Ledoux'schen Formel bestimmter Wert des Reibungskoefficienten λ = **0,01982.**

Die Werte von Oliphant II verlaufen gegen die übrigen viel zu flach und sind sicherlich bei den größeren Durchmessern zu hoch. Nach der andern Seite neigen die Werte aus der Weymouth'schen Formel. In guter Übereinstimmung befinden sich die Werte von Richard mit denen von Blaess.

Zahlentafel 2.

Werte des Koeffizienten λ in verschiedenen Formeln.

II. λ veränderlich.

Nr.	Name der Formel	Formel	Stündliche Menge Q in m³ errechnet	Abweichung gegenüber der Messung %	Gesetz für λ
1	Oliphant(II)	$Q = 161640 \cdot \sqrt{\frac{D^5(1+0{,}4327\sqrt{D})(p_1^2-p_2^2)}{L \cdot \gamma}}$	497,69	— 3,4 %	$\lambda = c \frac{1}{1+0{,}4327\sqrt{D}}$ $c = 0{,}02483$
2	Richard	$Q = 344020 \cdot \sqrt{b} \cdot \sqrt{\frac{D^5(p_1^2-p_2^2)}{L \cdot \gamma}}$	529,66	+ 2,8 %	$\lambda = c \cdot \frac{1}{b}$ $c = 0{,}01866$ b nach Zahlentafel
3	Weymouth	$Q = 262500 \cdot \sqrt{\frac{D^{5^1/_3}(p_1^2-p_2^2)}{L \cdot \gamma}}$	545,66	+ 6 %	$\lambda = c \frac{1}{\sqrt[3]{D}}$ $c = 0{,}0094$
4	Blaess				$\lambda = 0{,}0125 + \frac{0.051}{D}$
5	Biel	$\lambda = 0{,}0785 \left(a + \frac{2 \cdot F}{\sqrt{D}} + \frac{2b}{\sqrt{D}} \cdot \frac{[\eta]}{\gamma}\right)$. Werte für a, F, und $b \cdot \frac{[\eta]}{\gamma}$ sind der Biel'schen Arbeit über „Druckhöhenverluste" S. 37 entnommen [$v = 16$ m/sec]			
6	Der für die weiteren Rechnungen gewählte Wert λ				$\lambda = c \frac{1}{\sqrt[3]{D}}$ $c = 0{,}0115$

Zahlentafel 3.

Zahlenwerte des Koeffizienten λ in verschiedenen Formeln.

Dn	Oliphant II	Richard	Weymouth	Blaess	Biel	$\lambda = 0{,}0115 \cdot \frac{1}{\sqrt[3]{D}}$
0,05	0,0226	0,0324	0,0255	0,0345	0,0270	0,0312
0,10	0,0218	0,0224	0,0202	0,0235	0,0219	0,0248
0,15	0,0213	0,0187	0,0177	0,0198	0,0196	0,0216
0,20	0,0208	0,0168	0,0161	0,0180	0,0183	0,0196
0,25	0,0204	0,0157	0,0149	0,0169	0,0173	0,0183
0,30	0,0201	0,0150	0,0140	0,0162	0,0166	0,0172
0,35	0,0198	0,0145	0,0134	0,0156	0,0161	0,0163
0,40	0,0195	0,0141	0,0128	0,0152	0,0156	0,0156
0,45	0,0192	0,0137	0,0123	0,0149	0,0153	0,0150
0,50	0,0190	0,0134	0,0118	0,0147	0,0150	0,0145

Dm	Oliphant II	Richard	Weymouth	Blaess	Biel	$\lambda = 0{,}0115 \frac{1}{\sqrt[3]{D}}$
0,55	0,0188	0,0132	0,0115	0,0145	0,0147	0,0140
0,60	0,0186	0,0129	0,0112	0,0143	0,0145	0,0136
0,65	0,0184		0,0109	0,0142	0,0143	0,0133
0,70	0,0182		0,0106	0,0141	0,0141	0,0130
0,75	0,0180		0,0103	0,0140	0,0139	0,0127
0,80	0,0178		0,0101	0,0139	0,0138	0,0124
0,85	0,0177		0,0099	0,0138	0,0137	0,0121
0,90	0,0176		0,0097	0,0137	0,0136	0,0119
0,95	0,0175		0,0095	0,0136	0,0135	0,0117
1,00	0,0174		0,0094	0,0136	0,0134	0,0115

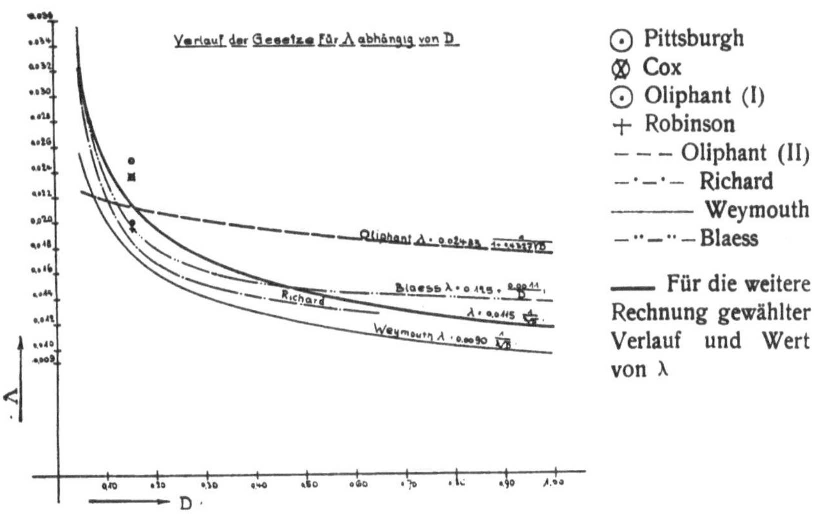

Abb. 1.

Der Zweck dieses Vergleichs kann natürlich nicht der sein, zu einem Urteil über die zahlenmäßige Richtigkeit der Werte von λ zu gelangen. Da ein Teil der auf den Reibungskoeffizienten einwirkenden Verhältnisse stets durch gefühlsmäßige Schätzung beurteilt werden muß, wie z. B. die Rauhigkeit, so wird das Vorherbestimmen von λ nur auf Grund vieler gleichartiger Erfahrungen näherungsweise richtige Werte ergeben.

Dagegen erleichtert die angestellte Übersicht die Entscheidung für einen der Ausdrücke für die Beziehung zwischen λ und D. Für die späteren Rechnungen ist es vorteilhaft, diese so einfach wie möglich auszudrücken. Diesen Vorteil besitzt entschieden die Weymouthsche Formel, welche $\lambda = c \cdot \frac{1}{\sqrt[3]{D}}$ setzt. Die aus der amerikanischen Formel errechnete Konstante ist 0,0094. Erhöht man diese auf 0,0115, so erhält man für λ einen Verlauf, der in Abb. 1 und 2 durch die

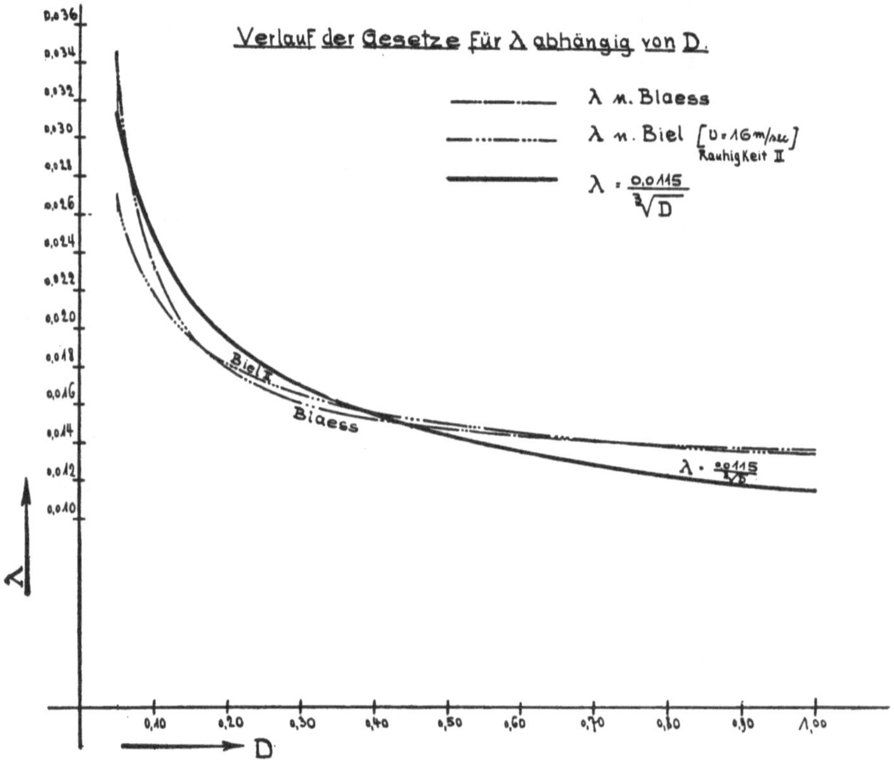

Abb. 2.

stark ausgezogene Kurve dargestellt ist. Der Vergleich mit den andern amerikanischen Formeln zeigt, daß sie bei größeren Durchmessern Werte ergibt, die fast mit den nach Richard erhaltenen übereinstimmen. In Abb. 2 ist die Kurve zusammen mit den nach Blaess und den nach Biel für die Rauhigkeit II und eine Geschwindigkeit v = 16 m/sec sich ergebenden Werten aufgetragen. Für die Durchmesser unter 0,4 m gibt sie etwas kleinere, für die Durchmesser von 0,4 bis 0,1 etwas größere Werte als die nach Blaess oder Biel erhaltenen. Im ganzen aber zeigen die Vergleiche, daß bei größter Einfachheit des Ausdrucks $\lambda = c \cdot \frac{1}{\sqrt[3]{D}}$ die damit gewonnenen Werte sich den Werten der andern Formeln befriedigend anpassen. Aus diesem Grunde wird für alle ferneren Rechnungen der Reibungskoeffizent in der Form $\lambda = c \cdot \frac{1}{\sqrt[3]{D}}$ eingeführt werden, worin c = 0,0115 ist.

Sollten wirklich die nach diesem Gesetz für λ erhaltenen Werte für kleinere Durchmesser etwas zu ungünstig, für größere etwas zu günstig sein, so wird ein auf Grund dieser Werte ermittelter Durchmesser bei engeren Leitungen etwas größer, bei weiteren Leitungen etwas kleiner sein als der tatsächlich wirtschaftlichste. Es wird sich aber zeigen, daß in den meisten Fällen bei engen Leitungen die Druckerhöhungskosten, bei Leitungen von größerem Durchmesser jedoch stets die Rohrkosten von ausschlaggebender Bedeutung sind. Bei größeren Durchmessern bleibt also der infolge der Unsicherheit über den Wert des Reibungskoeffizienten möglicherweise entstehende Fehler dadurch ohne wesentlichen Einfluß auf das Ergebnis, daß nur ein geringer Teil der Gesamtkosten davon berührt wird. Bei kleineren Durchmessern werden sich die Druckerhöhungskosten durch die Rechnung etwas zu hoch ergeben. Im Betriebe wird also eine auf Grund der Rechnung ermittelte Anlage etwas günstiger arbeiten, als die Rechnung dies vorhersagte. Wenn auch nicht die Wirtschaftlichkeit einer mit genau zutreffendem Wert von λ errechneten Anlage erreicht werden kann, so wird doch wegen der geringeren Betriebskosten die Gesamtwirtschaftlichkeit der Anlage günstiger sein, als wie sie nach der Rechnung mit dem etwas zu großen Werte des Reibungskoeffizienten zu erwarten war. Eine Ungenauigkeit der Vorberechnungen jedoch in dem Sinne, daß die tatsächlich eintretenden Verhältnisse günstiger als die Rechnung sind, ist jedenfalls weniger unliebsam als ein Fehler im andern Sinne.

In bezug auf den zahlenmäßigen Wert für λ ist nur zu verlangen, daß er von experimentell gefundenen Durchschnittswerten nicht allzu sehr abweicht. Die Werte, welche auf Grund der Beziehung $\lambda = 0{,}0115 \cdot \frac{1}{\sqrt[3]{D}}$ gefunden sind (Zahlentafel 3, letzte Spalte), bleiben in befriedigender Weise solchen Durchschnittswerten nahe. Es muß außerdem berücksichtigt werden, daß für die hier anzustellenden Rechnungen λ ein Maß für den Gesamtwiderstand ist, außer dem Widerstand des glatten Rohres auch den der Verbindungen, der Wassertöpfe, der Krümmer und dergl. umfaßt. Es leuchtet ein, daß je nach Zahl und Art der Verbindungen und nach der ganzen Ausrüstung und Verlegung der Leitung der Wert des Koeffizienten λ bei gleichem Durchmesser in ziemlich erheblichen Grenzen schwanken kann. Nur Messungen an ausgeführten Leitungen können die wahre Größe dieses Wertes ergeben. Für die Rechnung ist es nötig, solange nicht solche Erfahrungswerte vorhanden sind, Annahmen zu treffen. Der gewählte Ausdruck für λ liefert Werte, die mindestens mit den aus den amerikanischen Formeln zu entnehmenden Erfahrungswerten gut übereinstimmen und es erscheint wohl angängig, diese Werte für die folgenden Entwicklungen zu benutzen.

II. Die Berechnung des Durchmessers der Rohrleitung.

Die Aufgabe, den wirtschaftlichsten Rohrdurchmesser für eine Gasfernleitung zu errechnen, wird außer durch die etwas verwickelten Beziehungen für den Druckverlust besonders durch die diesen Anlagen eigentümlichen Betriebsverhältnisse erschwert.

Der Gaskonsum schwankt dauernd in beträchtlichen Grenzen, sowohl mit den Tageszeiten als auch mit den Jahreszeiten. Die ersterwähnten Schwankungen kommen für die Fernleitung nicht in Betracht, da sie durch die bei den früheren Gaswerken vorhandenen Behälter ausgeglichen werden. Die bisher mit der Ferngasversorgung sich befassenden Unternehmungen schreiben ihren Abnehmern einen Behälterraum von 60 v. H. der größten Tagesabgabe vor, womit eine gleichmäßige Belastung der Leitung für die 24 Stunden eines Tages zu erreichen ist. Dagegen wirken die jährlichen Schwankungen auf die Fernleitung ein. Man rechnet gewöhnlich mit einer größten Tagesabgabe, die höchstens an 2 bis 3 Tagen des Jahres auftritt, von $^1/_{200}$ der Jahresmenge, dies ist etwa das 1,8-fache des für den Tag sich ergebenden Durchschnitts. Im übrigen bewegen sich die jährlichen Schwankungen des Gesamtverbrauchs nach einer in der Hütte, 20. Aufl. S. 737, mitgeteilten Tabelle der D. C. G. G. etwa wie folgt:

Monat	vH. d. Jahresabgabe	vH. d. Monatsmittels
Januar	10,50	126,0
Februar	8,75	105,0
März	8,20	98,4
April	6,50	78,0
Mai	5,95	71,4
Juni	5,75	69,0
Juli	5,85	70,2

Monat	vH. d. Jahresabgabe	vH. d. Monatsmittels
August	6,55	78,5
September	8,05	96,5
Oktober	9,85	118,0
November	11,80	142,0
Dezember	12,25	147,0
	100,00	12 · 100,0

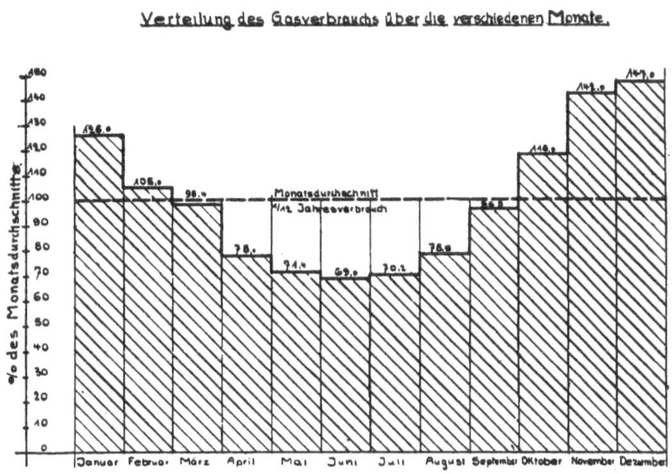

Abb. 3.

Abb. 3 gibt eine zeichnerische Darstellung dieser Verbrauchsschwankungen.

Zu diesen Unregelmäßigkeiten des Jahresbetriebes kommt hinzu, daß die einmal verlegte Leitung von vornherein für die ganze Vertragsdauer, meist 25 Jahre, zu bemessen ist und für die in dieser Zeit aller Voraussicht nach beträchtlich gestiegene Jahresmenge genügen muß. Gerade dieser Umstand erfordert eine sorgfältige Berücksichtigung. Bei der großen Belastung der Straßenkörper im Industriebezirk durch Wasserleitungen, durch Kabel für Elektrizitätsversorgung sowohl als für Fernsprech- und Telegraphenzwecke, durch Kanalanlagen und durch Straßenbahnen, wird die Verlegung einer zweiten Leitung, im Falle, daß die erste nicht mehr reicht, stets größere Schwierigkeiten und erhebliche Kosten verursachen, wenn nicht gar durch weitere Belegung der Straße unmöglich geworden sein. Die Gasverbraucher haben sich jedoch durch hohe Vertragsstrafen gegen Minderlieferung gesichert. Um sich gegen finanzielle

Nachteile aus Nichterfüllung ihrer Lieferungsverpflichtungen zu schützen, ist die Leitung von vornherein für die größte innerhalb der Vertragsdauer zu erwartende Tagesmenge zu bemessen. Es folgt daraus, daß für die Ermittlung des günstigsten Rohrdurchmessers ebenfalls die Belastungsverhältnisse während des ganzen Vertragszeitraumes zu berücksichtigen sind, da bei den innerhalb dieser langen Zeit auftretenden erheblichen Aenderungen der Fördermenge die Einführung eines Mittelwertes derselben sich als nicht zulässig erweist.

Wie schon erwähnt, setzen sich die Kosten der Gasfortleitung zusammen aus den Rohrleitungskosten und den Kosten der Druckerhöhung.

Bezüglich der Rohrleitungskosten kann man für die hier anzustellenden allgemeinen Betrachtungen mit hinreichender Genauigkeit sagen, daß der Herstellungspreis einer Rohrleitung proportional der Länge und dem Durchmesser ist und sich schreiben läßt

$$\text{Gesamtherstellungspreis} = a \cdot L \cdot D,$$

worin a ein konstanter Wert ist und die Kosten für die Einheit der Länge von einem Einheitsdurchmesser bedeutet.

Die nachstehende Tabelle gibt die vom R. W. E. im Jahre 1912 gezahlten Preise für das Kilometer fix und fertig verlegter Rohrleitung inkl. Krümmer, Schieber, Abzweige und sonstiger Armaturen sowie der Straßenwiederherstellung. Man vermag daraus zu ersehen, daß die oben angegebene Beziehung für den Leitungspreis den tatsächlichen Verhältnissen sehr nahe kommt.

Durchmesser der Rohrleitung	Preis eines Kilometers der Leitung f. schmiedeeiserne Rohre	f. gußeiserne Rohre
100 mm	11 850,00 M.	11 010,00 M.
150 „	14 900,00 „	13 920,00 „
200 „	18 100,00 „	18 000,00 „
250 „	25 440,00 „	24 100,00 „
300 „	31 520,00 „	30 100,00 „
400 „	40 650,00 „	38 700,00 „

Ist der herrschende Zinsfuß q vH., so berechnet sich der jährliche Tilgungssatz in vH. zu

$$k = \frac{\left(1 + \frac{q}{100}\right) - 1}{\left(1 + \frac{q}{100}\right)^n - 1} \cdot 100$$

wenn die Tilgungsdauer n Jahre betragen soll. Die bis zur gänzlichen Tilgung für die Rohrleitung aufzuwendenden Kosten für Tilgung und Verzinsung belaufen sich demnach auf

$$K_R = n \cdot \left[\frac{q}{100} + \frac{\left(1 + \frac{q}{100}\right) - 1}{\left(1 + \frac{q}{100}\right)^n - 1} \right] \cdot a \cdot L \cdot D.$$

Als weiterer Anlagekostenanteil kämen die Kosten der Gebläse- oder Kompressoranlage in Frage. Diese ist in ihrem Umfange im wesentlichen bestimmt durch die zu fördernde Gasmenge und die erforderliche Druckerhöhung. Die letztere aber wird bestimmt durch die Abmessungen der Rohrleitung. Die Anlagekosten schwanken ferner je nach der Art der benutzten Maschinen, ob rotierende, ob Kolbenmaschinen. Auch diese Frage ist erst zu entscheiden, wenn man über die Druckverhältnisse genaueren Aufschluß gewonnen hat. Es ist aus diesem Grunde zweckmäßig, diesen Teil der Anlagekosten vorläufig unberücksichtigt zu lassen. Dies ist um so mehr berechtigt, als die Kosten der Druckerzeugungsanlagen im allgemeinen nur einen verhältnismäßig geringen Teil der Gesamtanlagekosten ausmachen werden. In den meisten Fällen wird es ausreichend sein, für die Berechnung des günstigsten Leitungsdurchmessers lediglich die Kosten der Leitung und die Betriebskosten der Druckerhöhung zu berücksichtigen. Es macht außerdem keine Schwierigkeiten, ein mit den beiden Kostenanteilen errechnetes Ergebnis daraufhin nachzuprüfen, ob die für die Kompressorenanlage aufzuwendenden Kosten wirklich eine gegenüber den Gesamtkosten zu vernachlässigende Größe sind, und die Rechnung unter Umständen danach zu berichtigen.

Es ist die nächste Aufgabe, die Betriebskosten der Druckerzeugungsstation zu ermitteln. Dieselben ergeben sich auf Grund des Arbeitswertes der isothermischen Verdichtung, welcher zu schreiben ist

$$L_{is} = G \cdot R \cdot T \cdot ln \frac{p_1}{p_a},$$

wenn p_a den Ansaugedruck und p_1 den Enddruck des Gases bezeichnen. Die effektive Arbeit der Kompression würde sein

$$L_{eff} = \frac{1}{\eta} \cdot G R \cdot T \cdot ln \frac{p_1}{p_a}.$$

Der Wert $\eta = \frac{L_{is}}{L_{eff}}$ hängt ab von der Art der Maschine, vom Zustand des Gases, von der Größe des Druckverhältnisses, von der Wirksamkeit der Kühlung etc. An den Erzeugungsstellen wird das Gas den Kompressoren mit nahezu atmosphärischem

Drucke durch besondere Gassauger aus den Nebengewinnungsanlagen zugeführt. Die Pressung wird sogar ein Geringes höher wie die Atmosphäre sein, um das Eintreten von Luft in die Gasleitung durch etwaige Undichtigkeiten zu verhindern. Die Temperatur des Gases wird bei etwa 15 ° C zu suchen sein, da es vor der Fortleitung eine große Zahl von Waschprozessen durchzumachen hat, die seine Temperatur der des dazu verwandten Kühlwassers nahe bringen. Diese letztere aber wird im Durchschnitt bei etwa 12 ° C liegen. Die spezifische Wärme des Gases für die Volumeneinheit ist der der Luft nahezu gleich. Es ist nach alledem anzunehmen, daß der ganze Verdichtungsvorgang etwa verläuft wie bei atmosphärischer Luft, so daß unter sonst gleichen Verhältnissen auch gleiche Wirkungsgrade zu erwarten sind.

Für geringere Werte des Druckverhältnisses $\frac{p_1}{p_a}$ sinkt der Wirkungsgrad der Verdichtung, da die Verluste im Verhältnis zur Nutzleistung wachsen. Von ganz wesentlichem Einfluß auf den Wirkungsgrad ist auch die Art der verwandten Maschinen. Bei geringeren Druckerhöhungen verwendet man zumeist die billigeren Ventilatoren, wodurch ein weiteres Sinken des Wirkungsgrades eintritt. Diesem Umstand ist bei der Ermittlung der Druckerhöhungsarbeit Rechnung zu tragen. Da bei der eigentlichen Gasfernleitung meist größere Druckerhöhungen in Frage kommen, so ist bei den folgenden Entwicklungen und Formeln im allgemeinen mit einem Wirkungsgrade $\eta = 0{,}7$ gerechnet worden. Ist der Wert des Druckverhältnisses $\frac{p_1}{p_a} < 1{,}3 \div 1{,}2$, so ist mit dem kleineren Werte $\eta = 0{,}6$ gerechnet. Stellt sich, wie es bei Vorberechnungen in der Regel sein wird, der Wert des Druckverhältnisses erst nachträglich heraus und sind dabei die Betriebskosten, wie oben gesagt, auf Grund eines Wirkungsgrades von 0,7 ermittelt, so ist eine nachträgliche Berichtigung derselben mit Einsetzung des geringeren Wirkungsgrades leicht möglich. Man kann sich bei dieser Berichtigung mit Rücksicht auf den kleinen Wert von $\frac{p_1}{p_a}$ der vereinfachten Formel bedienen

$$L_{eff} = \frac{1}{\eta} \cdot V_a \cdot [P_1 - P_a]$$

worin V_a das sekundlich angesaugte Volumen in m³, P_1 den Enddruck und P_a den Ansaugedruck in kg/m² bezeichnen.

In dem Ausdruck für die isothermische Arbeit

$$L_{is} = G \, . \, R \, . \, T \, . \, l_n \, . \frac{p_1}{p_a}$$

sind R, T und p_a bekannte Unveränderliche. Die Regnaultsche

Konstante für Leucht- bezw. Koksgas mittlerer Zusammensetzung kann etwa eingesetzt werden mit $R = 65$, entsprechend einer auf Luft bezogenen Dichte von 0,45. Die Anfangstemperatur bei der Verdichtung, T, ist nach obigem 15 ° C und mit dem absoluten Werte von 288 ° in die Rechnung einzusetzen. p_a, der Anfangsdruck bei der Verdichtung ist nach dem vorher Gesagten gleich 1 kg/cm² zu setzen. Es bleibt in dem Ausdruck für L_{is} noch G, das zu verdichtende Gasgewicht, und p_1, der Kompressionsenddruck bezw. Anfangsdruck der Leitung zu bestimmen. G ist durch die auf Grund von vorhandenem Zahlenmaterial oder von Schätzungen zu entwerfende Belastungskurve für jeden Zeitpunkt innerhalb des zu betrachtenden Abschnittes festzustellen. Zu berechnen ist dann der zugehörige Wert von p_1 bezw. $\ln p_1$.

Zur Ermittlung der Beziehungen zwischen dem Gasgewicht G oder dem durch die Leitung strömenden Volumen V dient die schon wiederholt benutzte Gleichung

$$p_1^2 - p_2^2 = \frac{2 \cdot \lambda \cdot L}{D} \cdot \frac{p_1^2}{R \cdot T} \cdot \frac{w_1^2}{2g}. \qquad 1)$$

Zu bemerken ist, daß diese Gleichung nur dann stimmt, wenn die Strömung isothermisch, d. h. bei konstanter Temperatur vor sich geht. Dies trifft für den hier betrachteten Fall zu. Es handelt sich um unterirdisch in solcher Tiefe verlegte Leitungen, daß Temperaturschwankungen des umgebenden Erdreiches nur in größeren Zeiträumen sich vollziehen und jedenfalls für ein und dasselbe durchströmende Volumen die Temperatur der Umgebung als konstant angesehen werden kann. Unter der Voraussetzung, daß das Gas zwischen Kompressor und Leitung nochmals zurückgekühlt wird, kann seine Temperatur beim Eintritt in die Leitung von der Erdtemperatur (etwa 10—12 °) als nur wenig abweichend angenommen werden und ein nennenswerter Übergang von Wärme zwischen Rohrwand und Gas wird zunächst nicht erfolgen. Da andererseits der Druckabfall infolge der Strömung nur langsam vor sich geht und sich über verhältnismäßig lange Rohrstrecken verteilt, so ist anzunehmen, daß die von der Reibungswärme bezw. von der der Expansion entsprechenden Abkühlung hervorgerufene Temperaturänderung durch den Einfluß der Rohrwandung ausgeglichen wird und das Gas auf seinem Wege durch die Leitung praktisch konstante Temperatur beibehält.

Unter dieser Voraussetzung gilt für den Zustand des Gases an jedem Punkte der Rohrleitung die Beziehung $p \cdot v =$ const. Hieraus folgt, da die Geschwindigkeit w proportional dem spezifischen Volumen v ist, auch $p.\,w = \text{const}$. Statt des Druckes und der Geschwindigkeit am Anfange der Rohrleitung kann also auch jeder an einer anderen Stelle der Rohrleitung herrschende Druck mit seiner zugehörigen Geschwindigkeit für $p_1^2 . w_1^2$ in die Gleichung **1)** eingesetzt werden. Zweckmäßig ist es, für p und w den Druck mit seiner zugehörigen Geschwindigkeit einzuführen, auf den das Volumen V bezogen ist. Die Bezugsgrößen für die Gasmessung sind in Deutschland $p_0 = 1$ kg/cm² und $T_0 = 15°$ Cels. Die zu p_0 gehörige Geschwindigkeit w_0 ergibt sich aus

$$w_0 = \frac{V}{\pi . \frac{D^2}{4}} \cdot \frac{T_0}{T}$$

Der Wert T bezeichnet die Temperatur des strömenden Gases, für die auf voriger Seite als mittlerer Jahreswert 10—12° C angegeben ist. Der Fehler, der durch Vernachlässigung des Wertes $\frac{T_0}{T}$ entsteht, ist daher in bezug auf w_0 etwa $\frac{(15-12)}{273} = 1$ vH. Dieser Fehler kann vernachlässigt werden, da er im Verhältnis zu der überhaupt erreichbaren Genauigkeit der Rechnung unbedeutend ist. Dann wird $w_0 = \frac{V}{\pi . \frac{D^2}{4}}$ und die Gleichung **1)** für den Druckverlust läßt sich schreiben

$$p_1^2 - p_2^2 = \frac{2 . \lambda . L}{D} \cdot \frac{1}{R . T} \cdot \frac{w_0^2}{2g}.$$

Für D konstant ist w_0 proportional V, also auch der Wert $[p_1^2 - p_2^2]$ proportional V^2, wobei die absoluten Werte von p_1 und p_2 beliebig sind.

Die Differenz $[p_1^2 - p_2^2]$ ändert sich proportional dem Quadrate des strömenden Volumens.

Der Einfluß von D auf die Differenz $[p_1^2 - p_2^2]$ ergibt sich wie nachstehend. Für den Durchmesser D gilt

$$p_1^2 - p_2^2 = \frac{2 . \lambda . L}{D} \cdot \frac{1}{R . T} \cdot \frac{w_0^2}{2g}$$

Wird statt D ein anderer Durchmesser D' eingeführt, so ist zu schreiben

$$(p_1')^2 - (p_2')^2 = \frac{2 . \lambda' . L}{D'} \cdot \frac{1}{R . T} \cdot \frac{(w_0')^2}{2g}$$

Ist das strömende Volumen in beiden Fällen gleich, so ist

$$w_0 \cdot \frac{\pi \cdot D^2}{4} = w_0' \cdot \frac{\pi \cdot (D')^2}{4} \text{ und } w_0' = w_0 \cdot \frac{D^2}{(D')^2}.$$

Drückt man in der zweiten Gleichung w_0' durch diesen Wert aus, so geht sie über in

$$(p_1')^2 - (p_2')^2 = \frac{2 \cdot \lambda \cdot L}{D'} \cdot \frac{1}{R \cdot T} \cdot \frac{w_0^2}{2g} \cdot \frac{D^4}{(D')^4}$$

Durch Division erhält man

$$\frac{p_1^2 - p_2^2}{(p_1')^2 - (p_2')^2} = \frac{\lambda \cdot (D')^5}{\lambda' \cdot D^5}$$

λ hat die Form $\lambda = c \cdot \frac{1}{D^{1/3}}$. Drückt man noch λ durch D aus, so wird

$$\frac{p_1^2 - p_2^2}{(p_1')^2 - (p_2')^2} = \frac{(D')^{5\,1/3}}{D^{5\,1/3}}.$$

Der Ausdruck zeigt, daß a u c h m i t B e z u g a u f d e n D u r c h m e s s e r d i e a b s o l u t e G r ö ß e d e r D r ü c k e u n m a ß g e b l i c h i s t u n d l e d i g l i c h d e r W e r t d e r D i f f e r e n z i h r e r Q u a d r a t e v o n B e d e u t u n g i s t.

Diese Feststellung führt zu einer sehr wichtigen Folgerung. Durch stärkere Kompression und die damit erfolgende Verringerung des spezifischen Volumens und der Strömungsgeschwindigkeit kann am Durchmesser nichts gespart werden, so lange der Ausdruck $[p_1^2 - p_2^2]$ den gleichen Wert hält. Da p_1 entscheidend für die Druckerhöhungsarbeit ist, so folgt, daß bei einer Leitungsanlage, die lediglich Gase von einem Orte zum andern bewegen und nicht etwa mittels derselben Energie übertragen will, die beste Wirtschaftlichkeit dann erreicht wird, wenn der Enddruck in der Leitung möglichst gering ist. — —

Auf Grund der in dem Vorhergehenden gemachten Festsetzungen und der abgeleiteten Beziehungen zwischen den verschiedenen Veränderlichen kann nunmehr die eigentliche Aufgabe, die Ermittlung des günstigsten Rohrdurchmessers, gelöst werden.

Es bezeichnet

q, vH. . . . . den herrschenden Zinsfuß,

n . . . . die Vertragsdauer, bezw. Lebensdauer der Leitung in Jahren,

L, m . . . . . die Länge der Leitung,

V jährl., m^3/Jahr . . die jährlich zu liefernde Gasmenge, } bezogen auf 1 atm und 15⁰ Cels.

V, m^3/sec. . . . . . das sekundlich durch die Leitung strömende Volumen, berechnet als Mittelwert aus der Jahresmenge, } bezogen auf 1 atm und 15^0 Cels.

D, m . . . . den lichten Durchmesser der Leitung,

$a.D.$	die Anlagekosten	für ein lfd. Meter Rohrleitung vom Durchmesser D in Mark
$\frac{\xi}{100}a.D.$ . .	die jährlichen Unterhaltungskosten	

s, M . . . . . die Kosten einer Pferdekraftstunde, (sämtl. Betriebsausgaben),

z . . . . die Zahl der Betriebsstunden pro Tag,

p_a, kg/cm² oder P_a, kg/m² . . den Ansaugedruck der Kompressoren,

p_1, „ „ P_1, „ . . den Enddruck der Kompressoren bezw. Anfangsdruck der Leitung,

p_2, „ „ P_2, „ . . den Enddruck der Rohrleitung,

η . . . . den Wirkungsgrad der Kompressoranlage.

Die übrigen Zeichen behalten die bisherige Bedeutung.

Um eine Übersicht über die Abhängigkeiten zwischen den einzelnen Größen leichter zu gewinnen, habe ich zunächst eine Reihe von Rechnungen durchgeführt für den einfachsten Fall, daß eine bestimmte Gasmenge von einem Orte zum andern zu schaffen ist, wobei die Fördermenge sich ganz gleichmäßig über die ganze Betriebszeit verteilt. In Wirklichkeit werden diese Verhältnisse wenigstens für die Gasversorgung nur selten zutreffen. Man gewinnt aber aus den Rechnungen für den angenommenen einfachen Fall einen Ueberblick, welche Umstände bei den verwickelteren und z. T. sich der Rechnung ganz entziehenden Verhältnissen des praktischen Betriebes von besonderer Wichtigkeit sind. Ich habe aus diesem Grunde eine gewisse Ausführlichkeit bei diesen Betrachtungen für angebracht gehalten. —

Die jährlichen Kosten einer Rohrleitung, unter der Voraussetzung, daß dieselbe in n Jahren abzuschreiben ist, betragen

$$K_R = \left[\frac{q}{100} + \frac{\xi'}{100} + \frac{\left(1+\frac{q}{100}\right)-1}{\left(1+\frac{q}{100}\right)^n-1}\right].a.L.D$$

Die jährliche Arbeit der Druckerzeugung ergibt sich aus der Gleichung für die isothermische Arbeit

$$L_{is} = P_a \,.\, V \,.\, ln\frac{p_1}{p_a} \text{ (mkg/sec.)}$$

unter Annahme eines Wirkungsgrades von $\eta = 0{,}7$, der, wenn nicht ausdrücklich anders gesagt, bei allen ferneren Rechnungen zugrunde gelegt ist, wie folgt

$$A = \frac{10\,000 \,.\, 3600 \,.\, z \,.\, 365 \,.\, V}{0{,}7 \,.\, 75 \,.\, 3600} \cdot ln\frac{p_1}{p_a} \text{ (PS}_e \times \text{Std).}$$

p_1 berechnet sich aus der Gleichung 1) S. 25

$$p_1^1 - p_2^2 = \frac{2 . \lambda . L}{D} \cdot \frac{p_0^2}{R . T} \cdot \frac{w_0^2}{2g}.$$

Darin ist zu setzen

$$p_0 = 1{,}00 \qquad \lambda = 0{,}0115 . \frac{1}{\sqrt[3]{D}}$$

$$w_0 = \frac{V}{\frac{\pi . D^2}{4}} \qquad w_0^2 = \frac{16 . V^2}{\pi^2 . D^4}$$

Damit wird

$$p_1^2 - p_2^2 = \frac{2 . 0{,}0115 . 1 . 16}{\pi^2 . 65 . 285 . 19{,}62} \cdot \frac{L . V^2}{D^{5^1/_3}},$$

und

$$l_n p_1 = \frac{1}{2} l_n \left[\frac{2 . 0{,}0115 . 1 . 16}{\pi^2 . 65 . 285 . 19.62} \cdot \frac{L . V^2}{D^{5^1/_3}} + p_2^2,\right]$$

Da $pa = 1$ ist, so ist $ln \frac{p_1}{pa} = ln\ p_1$ und die jährlich aufzuwendende Arbeit in PS.Std. ist

$$A = \frac{10000 . 3600 . z . V}{0.7 . 75 . 3600} \cdot \frac{1}{2} l_n \left[\frac{2 . 0{,}0115 . 1 . 16}{\pi^2 . 65 . 285 . 19{,}62} \cdot \frac{L . V^2}{D^{5^1/_3}} + p_2^2\right]$$

$$A = 34762 . z . V . l_n \left[10^{-7} . 1{,}0259 \cdot \frac{L . V^2}{D^{5^1/_3}} + p_2^2\right]$$

Die jährlichen Betriebskosten schließlich sind

$$K_B = A . s.$$

Die Gesamtkosten ergeben sich als die Summe von Rohrkosten und Betriebskosten

$$K_{ges} = \left[\frac{q}{100} + \frac{\xi}{100} + \frac{\left(1 + \frac{q}{100}\right) - 1}{\left(1 + \frac{q}{100}\right)^n - 1}\right] . a . L . D$$

$$+ 34762 . s . z . V . l_n \left[10^{-7} . 1.0259 . \frac{L . V^2}{D^{5^1/_3}} + p_2^2\right] \qquad 2)$$

Dies wird ein Minimum für $\frac{dK}{dD} = O.$

Die ausgeführte Differentiation ergibt

$$O = \left[\frac{q}{100} + \frac{\xi}{100} + \frac{\left(1 + \frac{q}{100}\right) - 1}{\left(1 + \frac{q}{100}\right)^n - 1}\right] . a . L + 34762 . s . z . V . \frac{10^{-7} . 1{,}0259 . L . V^2 (-5^1/_3 . D^{-6^1/_3})}{10^{-7} . 1{,}0259 . \frac{L . V^2}{D^{5^1/_3}} + p_2^2}$$

$$\left[\frac{q}{100} + \frac{\xi}{100} + \frac{\left(1 + \frac{q}{100}\right) - 1}{\left(1 + \frac{q}{100}\right)^n - 1}\right] . a . L = 34762 . s . z . V \frac{10^{-7} . 1{,}0259 . L .. V^2 . 5^1/_3}{10^{-7} . 1{,}0259 . L . V^2 D + p_2^2 . D^{6^1/_3}} \qquad 3)$$

Diese Gleichung nach D aufgelöst ergibt den wirtschaftlichsten Rohrdurchmesser.

Es ist über die Werte von q, ξ, n, a, z und p_2 nun noch einiges zu sagen.

Der herrschende Zinsfuß kann heute im Mittel zu 5 vH. angenommen werden, mit diesem Werte wird daher q in die Rechnung eingeführt werden.

ξ ist ein Ausdruck für die Kosten der Wartung und Instandhaltung der Rohrleitung. Diese schwanken natürlich stark mit den örtlichen Verhältnissen. Da in den Fernleitungen höhere Drücke herrschen als in den Ortsnetzen, so werden trotz der vielleicht sorgfältigeren Herstellung höhere Instandhaltungskosten erwachsen, weil schon verhältnismäßig geringe Undichtigkeiten zu großen Gasverlusten führen würden und daher baldmöglichst zu beseitigen sind. Andererseits sind die Rohre der Fernleitungen, im ganzen Durchschnitt betrachtet, wohl von größerem Durchmesser als die Ortsrohre, so daß auf das gleiche Anlagekapital weniger Dichtungsstellen treffen. Auch durch die bei diesen Leitungen häufige Verwendung von schmiedeeisernen Rohren wird die Zahl der Dichtungsstellen vermindert. Führt die Leitung durch Gebiete, in denen Bergschäden einzutreten pflegen, so wird dies einen besonderen Einfluß auf die Unterhaltungskosten ausüben. Nach allem sind die Verhältnisse von Fall zu Fall verschieden, aber nach den bei Ortsnetzen gemachten Erfahrungen und unter Berücksichtigung der von den Gasversorgungsgesellschaften in dieser Hinsicht angestellten Vorberechnungen kann man den Wert ξ etwa zu 1 vH. des Anlagekapitals annehmen.

Über n ist zu bemerken, daß die Lebensdauer von sorgfältig verlegten, unterirdischen Leitungen eine ziemlich große ist, so daß sie die übliche Vertragsdauer von 25 Jahren übertrifft. Es wird daher die Abschreibungssumme so zu bemessen sein, daß das Anlagekapital mit dem Ablauf des Vertrages, d. h. nach 25 Jahren getilgt ist.

a, der Rohrleitungskostenfaktor ist nach der auf Seite 19 angegebenen Zahlentafel zu etwa 100,00 Mark pro lfd. Meter eines Rohrstranges von 1,00 m ϕ zu setzen.

Was den Wert z, die Zahl der täglichen Betriebsstunden anbetrifft, so ist derselbe nicht ohne Einfluß auf die zu leistende Druckerhöhungsarbeit. Der Ausdruck für diese hat die Form

$$L = c_1 \,.\, z \,.\, V \,.\, ln\,[c_2 \,.\, V^2 + p_2^2].$$

Hierin ist für gleiche tägliche oder jährliche Fördermenge der Ausdruck $z.V$ konstant, folglich V um so größer, je kleiner z ist. Während der Faktor des Logarithmus der gleiche bleibt, wird der Wert des Logarithmus mit abnehmendem z immer größer, d. h. die zu leistende Arbeit wird für die gleiche tägliche Gasmenge $c.\ z.\ V$ größer. Es ist daher am günstigsten, z möglichst groß zu nehmen, d. h. mit ununterbrochenem Tag- und Nachtbetrieb zu fahren. Dem stellen sich praktische Hindernisse in den Weg bei kleineren Kokereien, wo die Entnahme des als Leuchtgas zu verwendenden Koksgases nicht gleichmäßig über den ganzen Tag verteilt werden kann. Auch bei größeren Anlagen ist dies zuweilen der Fall, da man eine häufigere Unterteilung der Beschickung der Koksöfen vermeiden will. Eine solche würde aber notwendig werden, da nur das Gas eines bestimmten Abschnittes des Destillationsprozesses den an Leuchtgas zu stellenden Anforderungen genügt. Für den Maschinenbetrieb, dem in diesem Betriebszweig nicht ein Feiertag zu irgendwelchen Instandsetzungen zur Verfügung steht, ist es in erster Linie eine Frage ausreichender und betriebsbereiter Reserven, ob man der Aufstellung des Betriebsplanes einen 24 stündigen Betrieb zugrunde legen will. Über die Einzelheiten der maschinentechnischen Seite dieser Frage wird jedoch noch an einer späteren Stelle zu berichten sein. Um den Einfluß der Betriebsstundenzahl auf die aufzuwendende Druckarbeit zu veranschaulichen, habe ich die in der Zahlentafel 4 wiedergegebenen Werte der Druckarbeit für verschiedene z für einen angenommenen Fall errechnet und in Abb. 4 zeichnerisch zur Darstellung gebracht,

Zahlentafel 4.

Einfluß der täglichen Betriebsstundenzahl auf die Druckerhöhungsarbeit.

$V = 120\,000$ m³/24 Std.; $L = 5000$ m; $D = 0{,}300$ m.

Anzahl der täglichen Betriebsstunden Z	Stündlich zu förderndes Gasvolumen m³	Sekundlich strömendes Gasvolumen m³/sec	Anfangsdruck in der Leitung p' kg/cm²	Isotherm. Arbeit der Verdichtung auf p' L_{is}/m³kgm	Täglicher effektiver Arbeitsaufwand bei $\eta = 0{,}7$ PS×Std.	Erforderliche Leistung des Kompressoraggregates PS	Kosten der Druckerhöhung*) [1 PS × Std. kostet 0,05 M.] Tägl. M.	Jährlich M.	Kosten d. Druckerhöhung*) pro 1 m³ gefördertes Gas Pfg/m³
24	5000	1,39	1,31	2720	1740	73	87,00	31 800,—	0,0725
22	5460	1,52	1,35	3020	1920	88	96,00	35 000,—	0,080
20	6000	1,67	1,41	3415	2180	110	109.00	39 800,—	0,091
16	7500	2,08	1,57	4510	2860	180	143,00	52 300,—	0,119
12	10000	2,78	1.88	6320	4010	340	200,00	73 300,—	0,167
10	12000	3,33	2,15	7630	4850	485	242,00	88 500,—	0,202
8	15000	4,17	2,57	9425	6000	750	300,00	110 000,—	0,250

*) Diese Kosten verstehen sich ohne Berücksichtigung der Anlagekosten des Maschinensatzes.

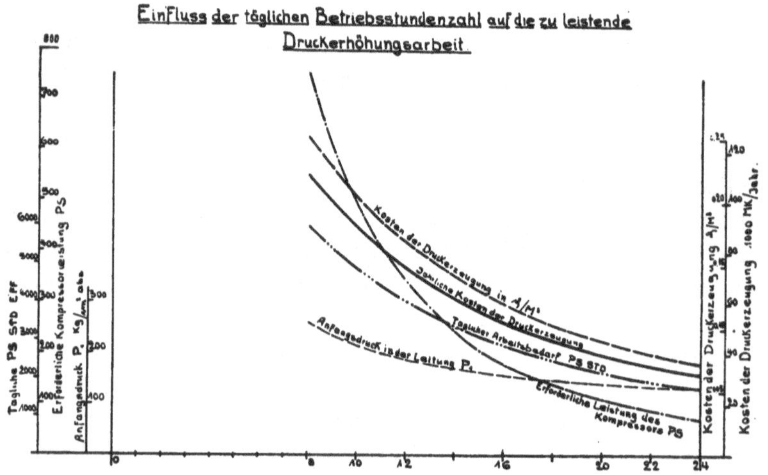

Abb. 4

Es ist nachgewiesen, daß der günstigste Betriebszustand dann herrscht, wenn p_2 möglichst klein ist. Die untere Grenze von p_2 ist ungefähr 400 mm W. S. als Summe von Behälterdruck, Druckverlust im Stationsmesser und im Hochdruckregler. Für die weitere Rechnung wird p_2 mit 1,05 kg/cm² eingeführt.

Mit den vorstehend festgesetzten Werten für q, ξ, n, a und p_2 erhält man aus Gleichung **3)**

$$\left[\frac{5}{100}+\frac{1}{100}+\frac{2{,}095}{100}\right].100 . L = 34762\, s . z . V . \frac{10^{-7} . 1{,}0259 . L . V^2 . 5\frac{1}{3}}{10^{-7} . 1{,}0259 . L . V^2 D + 1{,}05^2 . D^{6\frac{1}{3}}}$$

$$8{,}095 . L . [10^{-7} . 1{,}0259 . L . V^2 . D + 1{,}05^2 . D^{6\frac{1}{3}}] = 34762 . s . z \cdot V . 10^{-7} . 1{,}0259 . 5\frac{1}{3} . L . V^2$$

$$D^{6\frac{1}{3}} + \frac{8{,}095 . 10^{-7} . 1{,}0259 . 5\frac{1}{3} . L . V^2}{8{,}095 . 1{,}05^2} . D = \frac{34762 . 10^{-7} . 1{,}0259 . 5\frac{1}{3} . s . z . V^3}{8{,}095 . 1{,}05^2}$$

$$D^{6\frac{1}{3}} + 10^{-8} . 9{,}3059 . L . V^2 . D = 0{,}00213105 . s . z . V^3. \qquad \textbf{3a)}$$

Diese Gleichung ist nachstehend gelöst für den Fall, daß Vjährl. $= 3\,000\,000\ m^3$ in gleichen Tagesmengen über eine Entfernung von $50\,000\ m$ fortzuleiten sind. $3\,000\,000\ m^3$ jährlich macht für den Tag $8\,220\ m^3$. Bei 22stündigem Betrieb täglich macht dies für die Stunde eine Menge von $374\ m^3$ aus und das sekundlich durch die Leitung fließende Volumen V ergibt sich zu $0{,}104\ m^3$/sec. Für s, die Kosten einer Pferdekraftstunde, kann man unter der Voraussetzung elektrischen Antriebes für die Kompressoren etwa 0,05 M. setzen. Damit wird

$$D^{6^1/_3} + 0.000050310 \,.\, D = 0.000002637.$$

Die näherungsweise Lösung der vorstehenden Gleichung ergibt als günstigsten Rohrdurchmesser

$$D = 0{,}0524\ m.$$

Selbstverständlich ist man für die Ausführung auf einen normalen Rohrdurchmesser angewiesen. Als solche kämen hier in Betracht 0,05 und 0,06 *m*. Die Zahlentafel 5 gibt über alle wissens-

Zahlentafel 5.

D	Rohrkosten $K_R = 8{,}095 \cdot L \cdot D$ M.	p_1 kg/cm²	L_{is}/m³ kgm	Jährl. Arbeitsaufwand PS×PSD	Betriebskosten K_B M.	Gesamtkosten K_{ges} M.	Effektivstärke der Kompressoren (ohne Reserven) PS	Geschwindigkeit des Gases am Ende der Rohrleitung w_0 m/sec	Kosten der Fortleitung Pfg/m³
0,040	16 200	40,0	36 890	586 000	29 300	45 500	73	82,5	1,517
0,050	20 200	22,0	30 916	497 000	24 850	45 050	62	53,0	1,502
0,524	21 200	19,4	29 650	470 000	23 510	44 700	59	48,0	1,490
0,060	24 300	13,5	26 035	418 000	20 900	45 200	52	36,8	1,507

werten Größen für die Durchmesser von 0,04 m bis 0,06 m Aufschluß. Da der Unterschied in den Kosten zwischen der Leitung von 0,05 m und der von 0,06 m nur gering ist und sich bei Berücksichtigung der Kosten für die Maschinenanlage noch mehr zugunsten der letzteren verschiebt, so würde man den Durchmesser von 0,06 m für die Ausführung vorziehen, besonders deswegen, weil der Betriebsdruck der Leitung damit auf etwa ⅔ desjenigen herabgesetzt wird, der bei der 0,05 m-Leitung erforderlich ist.

Um einen Maßstab für die bei der Rechnung einzuhaltende Genauigkeit zu haben, ist es wichtig, den Verlauf der Kurve für K_{ges} in der Nähe des Minimums zu kennen. In Abb. 5 ist für einen bestimmten Fall ein größerer Abschnitt dieser Kurve zur Darstellung gebracht. Die Werte sind errechnet nach der Gleichung **2)**, Seite 29, mit $z = 24$ und $s = 0{,}04$. Diese Werte sind, um die Ergebnisse direkt miteinander vergleichen zu können, auch für alle ferneren Rechnungen benutzt, wenn nicht ausdrücklich etwas anderes angegeben ist. Man ersieht aus der Aufzeichnung, daß in der Nähe des Minimums der Verlauf ein ziemlich flacher ist. Dies trifft nicht nur für den angenommenen, einzelnen Fall zu, sondern allgemein. Aus folgenden Figuren wird dies noch zu ersehen sein. Der Verlauf ist desto steiler, je größer die beförderte Gasmenge oder je weiter die Entfernung ist.

Im Falle größerer Gasmenge ist der steilere Verlauf ohne große Bedeutung, da sich die zwar absolut größeren Kostenänderungen auf eine größere Gasmenge verteilen, so daß der Mehraufwand pro Ein-

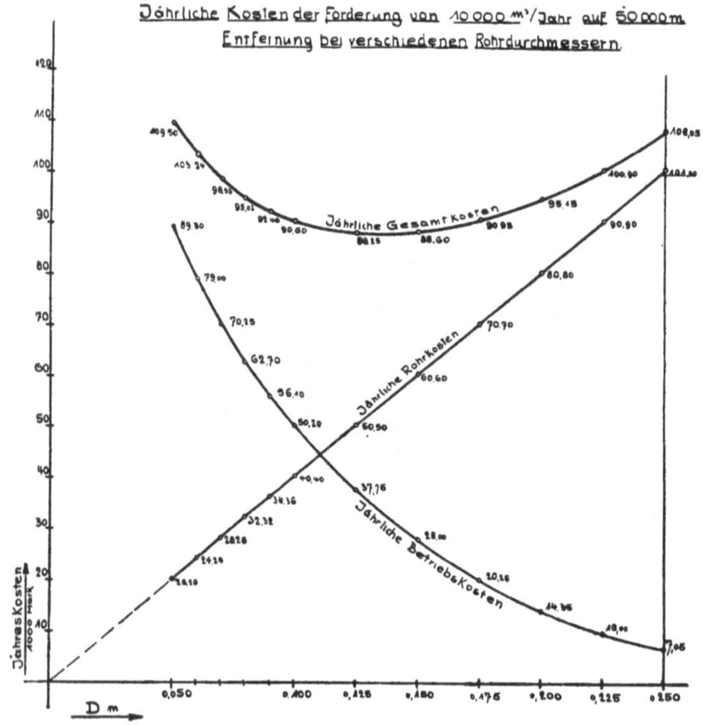

Abb. 5.

heit der Fördermenge immer noch klein bleibt. Bei großer Länge aber kommen die Mehrkosten u. U. auf eine kleine Fördermenge; für diesen Fall, kleine Fördermenge und große Länge, ist daher eine möglichst genaue Rechnung am notwendigsten.

In Abb. 6 sind für eine Fördermenge von 3 000 000 m^3/Jahr die unter der Voraussetzung eines täglich 24 stündigen Betriebes und eines Preises von 0,04 M. für die PS.Std. erwachsenden jährlichen Gesamtkosten für verschiedene Entfernungen L aufgetragen. Der Verlauf der Kurven, welche die Abhängigkeit der Kosten vom Durchmesser für jede Entfernung darstellen, bestätigt bei den größeren Entfernungen das vorstehend darüber Gesagte. Man ersieht weiter aus der Darstellung, wie mit wachsender Entfernung für die gleiche Menge der wirtschaftlichste Durchmesser erst schnell, dann langsamer immer kleiner wird. Der Betriebsdruck bewegt sich in umgekehrter Weise, er wird mit wachsender Entfernung sehr schnell größer. In Zahlentafel 6 sind die Gesamtkostenwerte nochmals für sich allein angegeben.

Zahlentafel 6.

Kosten der Förderung von 3 000 000 m³/Jahr auf verschiedene Entfernungen.

Gesamtkosten.

L	10 000	20 000	30 000	50 000	75 000	100 000
D						
0,010				50 250	54 200	56 500
0,020			37 660	42 600	47 850	52 800
0,030	25 130	29 610	33 400	39 800	47 200	54 100
0,040	20 940	26 380	30 900	39 000	48 350	57 400
0,050	18 050	24 250	29 500	39 250	50 700	61 700
0,060	15 760	22 800	28 900	40 250	53 700	66 750
0,070	14 035	21 850	28 800	41 200	57 100	71 100
0,080	12 920	21 325	29 000	43 550	60 950	78 000
0,090	11 840	21 200	29 550	45 700	65 100	84 300
0,100	11 670	21 350	30 500	48 150	69 450	90 700
0,125	11 820	22 860	33 800	55 100		
0,150	13 300*	25 700	38 240	63 250		
0,175	14 850*	29 340*				
0,200	16 735*	33 100*				
0,225						

*) Für diese Punkte sind die Betriebskosten mit Hilfe der Formel $K_B = \frac{1}{\eta} 4{,}68 \cdot V_a \cdot (P_1 - P_a)$ ermittelt. $[\eta = 0{,}60]$.

Ich möchte hier einfügen, daß für die Angaben der Zahlentafeln 6 und 7, sowie für die graphischen Darstellungen der Abb. 6—9 lediglich das rechnerische Ergebnis der benutzten Formeln verwandt wurde ohne jede Rücksicht darauf, ob seine praktische Benutzung Schwierigkeiten begegnet. Der Zweck dieser Darstellungen soll vorzugsweise darin erblickt werden, die Abhängigkeiten der verschiedenen Größen festzustellen. Es bedarf wohl keiner Erörterung, daß ein Druck von 325 kg/cm² für eine Gasleitung praktisch unausführbar ist; damit ist dann die etwas seltsam anmutende Verwendung eines ¾"-Gasrohres für die Versorgung einer 100 km entfernt liegenden Stadt von ca. 30 000 Einwohnern ebenfalls ausgeschlossen. Wenn aber auch die Rechnung für die äußersten Punkte praktisch unausführbare Werte liefert, so ist das Resultat doch immerhin geeignet, die Tendenz des

Zahlentafel 7.

Kosten der Förderung verschiedener Jahresmengen auf gleiche Entfernung von 50 000 m.

Millionen cbm	3,0	5,0	10,0	15,0	20,0	30,0	50,0	75,0	100,0
D									
0,010	50 250								
0,020	42 600								
0,030	39 800	63 850							
0,040	39 000	59 800							
0,050	39 250	57 500	109 500						
0,060	40 250	56 400	103 250						
0,070	41 200	56 100	98 550						
0,080	43 550	56 400	95 100	138 900					
0,090	45 700	57 200	92 500	133 100					
0,100	48 150	57 900	90 700	128 200	169 500				
0,125	55 100	62 600	88 350	119 400	154 600	233 600	408 600		
0,150	63 250	68 450	88 700	114 600	144 100	211 200	367 700		
0,175		75 700	91 050	112 400	137 600	195 800			
0,200		84 100	95 350	112 600	133 700	184 000	307 000	482 000	
0 225			101 100	114 700	132 200	175 400			
0,250			108 250	118 600	132 800	169 500	265 500	409 000	
0,275				124 200	135 400	166 100			
0,300				130 950	139 750	165 000	238 000	354 500	505 500
0,325					145 400	165 900			
0,350					152 700	169 100	223 000	316 000	
0,375						173 400	218 900		
0,400						179 100	217 000	289 000	381 000
0,425							217 100		
0,450							219 300	273 000	
0,475								269 200	
0,500							227 950	267 250	324 750
0.550								269 250	313 000
0,600								277 100	309 750
0,650								296 000*	313 600
0,700									333 000*

Kosten pro m³ gefördertes Gas beim günstigsten Durchmesser.

Pfg/m³	1,300	1,120	0,884	0,750	0,661	0,550	0,435	0,356	0,310

*) Für diese Punke sind die Betriebskosten mit Hilfe der Formel $K_B = \frac{1}{\eta} \cdot 4{,}68 \cdot V_a \cdot (P_1 - P_a)$ ermittelt. $[\eta = 0{,}60]$.

Verlaufes anzugeben. Aus diesem Grunde habe ich auch einzelne praktisch zu beanstandende Ergebnisse mit zur Darstellung gebracht.

In der Abb. 7 ist eine Darstellung ähnlicher Art wie Abb. 6. Hier ist die Abhängigkeit der Kosten von der Fördermenge bei gleicher Entfernung aufgetragen. Der Kostenaufwand für die Einheit der Fördermenge wird mit wachsender Gesamtmenge bedeutend geringer. Besonders charakteristisch ist das sehr schnelle Sinken des Anfangsdruckes mit steigender Fördermenge. Der wirtschaftlichste Durchmesser wird natürlich größer. Die Zahlentafel 7 gibt eine Zusammenstellung der Gesamtkosten sowie der Kosten für die Einheit der geförderten Menge beim günstigsten Betriebszustand.

Es ist eine sehr wichtige Sache, zu wissen, wie groß das Versorgungsgebiet einer Gaserzeugungsstätte bemessen werden kann, ohne daß ein bestimmter Kostensatz für die Einheit der geförderten Menge überschritten wird. Aus der Abb. 7 geht hervor, daß nicht nur die Entfernung, sondern auch die Menge von wesentlichem Einfluß auf die Kosten für die Volumeneinheit ist. Beide Einflüsse wirken sich entgegen. Es wird daher bei einem bestimmten Kostenaufwand eine um so größere Entfernung überwunden werden können, je größer die jährliche Fördermenge ist.

Zur Ermittlung der größten Entfernung, auf welche die Fortleitung einer Gasmenge bei einem bestimmten Kostenbetrag bei günstigster Leitungsanlage noch möglich ist, geht man von der Gleichung **2)** (S. 29) für die jährlichen Gesamtkosten aus:

$$K_{\text{ges}} = \underbrace{8{,}095}_{c_1} \cdot L \cdot D + \underbrace{34762 \cdot s \cdot z \cdot V}_{c_2} \cdot l_n \left[\underbrace{10^{-7} \cdot 1.0229 \cdot V^2}_{c_3} \cdot \frac{L}{D^{5^1/_3}} + \underbrace{p_2^2}_{c_4} \right] \qquad \textbf{4)}$$

oder allgemein geschrieben:

$$K_{\text{ges}} = c_1 \cdot L \cdot D + c_2 \cdot l_n \left[c_3 \cdot \frac{L}{D^{5^1/_3}} + c_4 \right] \qquad \textbf{5)}$$

Da die Jahreskosten als konstant angesehen werden sollen, so ist L nur von D abhängig und L wird ein Maximum, d. h. die zu überwindende Entfernung am größten, für

$$\frac{dL}{dD} = 0. \quad L = y; \; D = x;$$

$$dF(xy) = \frac{\delta F}{\delta x} dx + \frac{\delta F}{\delta y} \cdot dy;$$

Für $\frac{dy}{dx} = O$ wird der vorstehende Ausdruck null für $\frac{\delta F}{\delta x} = O$, wenn nicht zugleich $\frac{\delta F}{\delta y} = O$ wird. Es ist aus der Gleichung **5)** ohne weiteres zu ersehen, daß dies nicht eintreten wird.

$$\frac{\delta F}{\delta x} = 0 = c_1 \cdot y + c_2 \cdot \frac{-5^1/_3 \cdot c_3 \cdot y \cdot x^{-6^1/_3}}{c_3 \cdot y \cdot \frac{1}{x^{5^1/_3}} + c_4};$$

$$0 = c_1 \cdot y - c_2 \cdot \frac{5^1/_3 \cdot c_3 \cdot y}{c_3 \cdot y \cdot x + c_4 \cdot x^{6^1/_3}};$$

$$c_1 \cdot y \cdot (c_3 \cdot y \cdot x + c_4 \cdot x^{6^1/_3}) = 5^1/_3 \cdot c_2 \cdot c_3 \cdot y.$$

Hiermit läßt sich y durch x ausdrücken

$$y = \frac{5^1/_3 \cdot c_2 \cdot c_3 - c_1 \cdot c_4 \cdot x^{6^1/_3}}{c_1 \cdot c_3 \cdot x}$$

oder

$$L = \frac{5^1/_3 \, c_2 \cdot c_3 \cdot - c_1 \cdot c_4 \cdot D^{6^1/_3}}{c_1 \cdot c_3 \cdot D}; \qquad 6)$$

Setzt man diesen Wert für L in die Gleichung **5)** ein, so erhält man

$$K_{ges} = \frac{5^1/_3 \cdot c_2 \cdot c_3 - c_1 \cdot c_4 \cdot D^{6^1/_3}}{c_3} + c_2 \cdot l_n \frac{5^1/_3 \cdot c_2 \cdot c_3}{c_1 \cdot D^{6^1/_3}}; \qquad 7)$$

Diese Gleichung ist nach D aufzulösen. Der gefundene Wert von D gibt denjenigen Durchmesser an, bei dem für K_{ges} und den eingesetzten Wert von V das Gas auf die größte Entfernung fortgeleitet werden kann. D wird sich meist nicht als ein praktisch ausführbarer Wert ergeben. Ich habe grundsätzlich den dem wirklichen Werte zunächstliegenden h ö h e r e n Durchmesser als Lösung genommen. Da der Wert für D auf diese Weise nicht die genaue, sondern nur eine angenäherte Lösung der Gleichung **7)** ist, so kann man den Wert L nicht aus der Substitutionsgleichung **6)** bestimmen. Es würde sich daraus L etwas zu gering ergeben, da ja der wirkliche Durchmesser nach dem beobachteten Verfahren der Erhöhung immer etwas größer ist, als der die Bedingung der Substitutionsgleichung erfüllende. Der Wert L ist also aus der Gleichung **5)** durch Einsetzen des aus Gleichung **7)** gefundenen Wertes von D und Auflösen nach L zu ermitteln. Mit den für die Rechnungen festgesetzten Werten von s und z ergeben sich für die Gleichungen **5)** bzw. **7)** die nachstehenden Zahlenausdrücke:

$$K_{ges} = 8{,}095 \cdot L \cdot D + 74841 \cdot V \log \left[10^{-7} \cdot 1{,}0259 \cdot V^2 \cdot \frac{L}{D^{5^1/_3}} + p_2^2 \right]; \qquad 8)$$

$$K_{ges} = 177980 \cdot V - 86998000 \cdot \frac{1}{V^2} D^{6^1/_3} + 76841 \cdot V \cdot \log 0{,}0022555 \cdot V^3 \cdot \frac{1}{D^{6^1/_3}}; \quad 9)$$

Aus diesen wurden für eine Reihe von jährlichen Fördermengen die Werte von D und L für einen Kostenaufwand von 0,75, 1,00, 1,25 und 1,50 Pfg/m³ errechnet. Die Ergebnisse sind in den Abb. 8 und 9

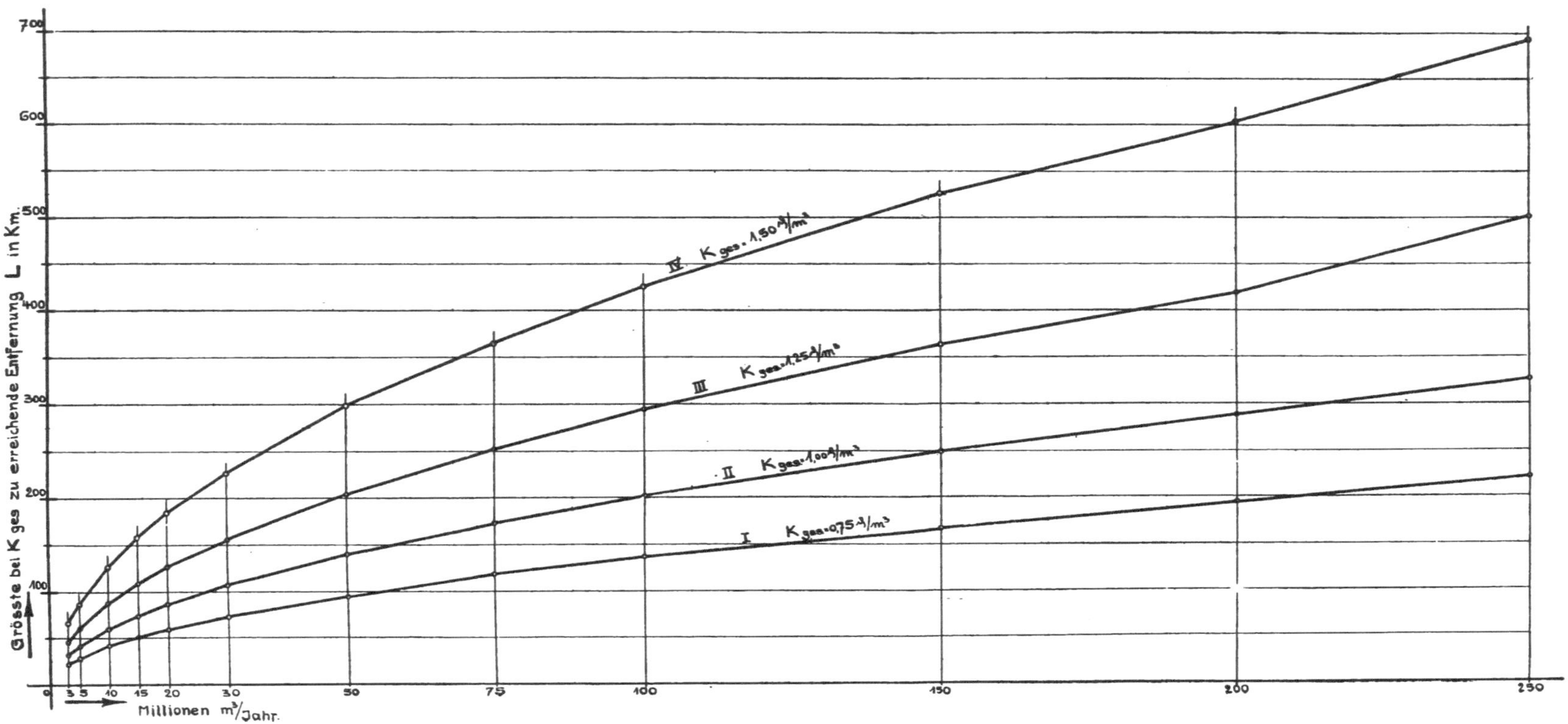
Grösste bei K ges zu erreichende Entfernung L in Km.
Millionen m³/Jahr.
IV K ges. 1,50 ₰/m³
III K ges. 1,25 ₰/m³
II K ges. 1,00 ₰/m³
I K ges. 0,75 ₰/m³
0
3
5
10
15
20
30
50
75
100
150
200
250
100
200
300
400
500
600
700

Abb. 8.

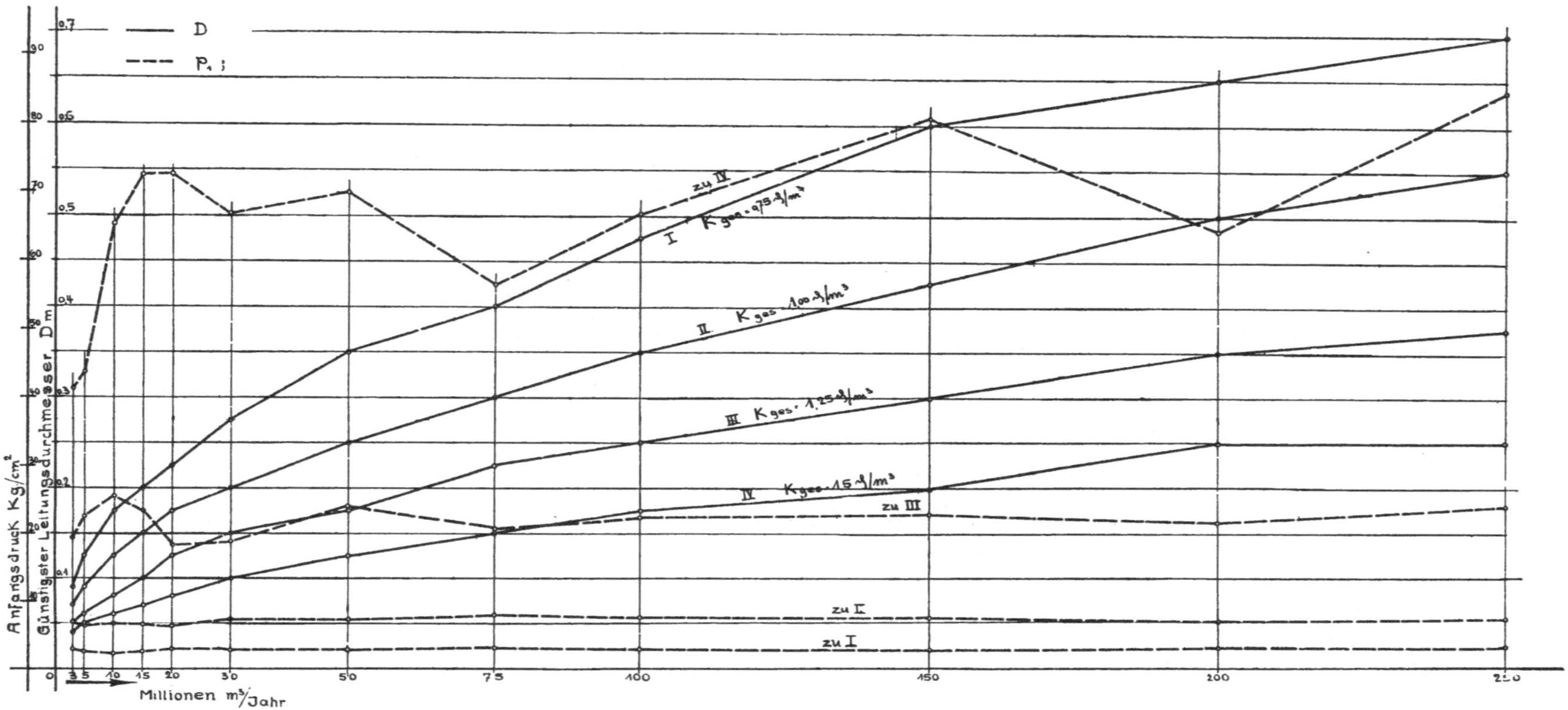

D
P₁ ;
Anfangsdruck Kg/cm²
Günstigster Leitungsdurchmesser D m
Millionen m³/Jahr
I K ges = 0,75 ₰/m³
II K ges = 1,00 ₰/m³
III K ges = 1,25 ₰/m³
IV K ges = 1,5 ₰/m³
zu I
zu II
zu III
zu IV

Abb. 9

zeichnerisch dargestellt. In Abb. 8 sind die zu erreichenden Entfernungen abhängig von der Fördermenge aufgetragen. Abb. 9 gibt den Verlauf der Werte des günstigsten Rohrdurchmessers wieder. Außerdem sind in Abb. 9 die diesen Durchmessern und den Mengen entsprechenden Anfangsdrücke aufgetragen. Es zeigt sich die interessante Tatsache, daß für einen bestimmten Kostensatz der dem Maximum der Entfernung entsprechende Anfangsdruck für alle Fördermengen gleich ist. Besonders deutlich kommt dies bei den dem Kostensatz von 0,75 und 1,00 Pfg/m³ entsprechenden beiden Linienzügen zum Ausdruck. Bei den beiden anderen ergeben sich Unstetigkeiten, und zwar sind diese auf die Abstufungen des Durchmessers, d. h. auf die mehr oder weniger große Annäherung der Lösung zurückzuführen, wie der Vergleich der zueinander gehörigen Linienzüge für D und p_1 zeigt. Bei einem etwas hochliegenden Werte von D sinkt p_1 und umgekehrt. Die Schwankungen sind natürlich um so größer, je grober die Abstufungen im Verhältnis zur absoluten Größe des Durchmessers sind, also am bedeutendsten bei den ganz kleinen Durchmessern, was der Verlauf der Linienzüge auch bestätigt. Die Gleichheit des Anfangsdruckes für alle Fördermengen bewirkt, daß für einen bestimmten Kostensatz die Betriebskosten proportional dem Volumen steigen. Die für die Aufzeichnung der graphischen Darstellungen angestellten Rechnungen bestätigen dies Verhalten mit denselben Ungenauigkeiten, wie sie auch bei den Drücken zu beobachten sind. — —

Diese verhältnismäßig einfachen Rechnungen sind alle unter der Voraussetzung angestellt, daß die ganze Fördermenge vom Anfang bis zum Ende der Leitung durchströmt. Dies wird aber meist nicht der Fall sein, sondern ein Teil des Gases wird unterwegs schon entnommen werden. In der Abb. 10 ist das einfachste Beispiel einer Leitung mit Zwischenentnahme schematisch gezeichnet. Die Gasmenge V wird von A nach B und C geschickt. In B wird eine Menge V_1 entnommen und nur die Menge V_2 strömt nach C weiter.

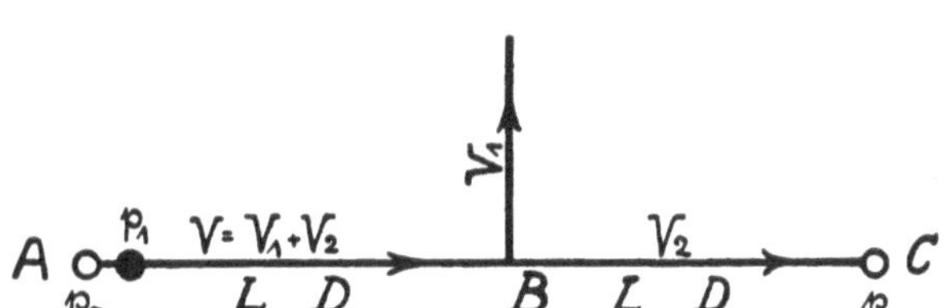

Abb. 10.

Aus Gleichung **1**), S. 25, folgt nach den auf S. 26 und 27 gegebenen Beziehungen

$$p_1^2 - p_2^2 = C \cdot \frac{L \cdot V^2}{D^{5^1/_3}}; \qquad \textbf{10)}$$

Für den vorliegenden Fall ist danach zu schreiben:

$$p_1^2 - p_2^2 = C \cdot \left[\frac{L_1 \cdot V^2}{D_1^{5^1/_3}} + \frac{L_2 \cdot V_2^2}{D_2^{5^1/_3}}\right];$$

Unter der Voraussetzung, daß das Volumen V in A auf den Druck p_1 gebracht wird, ergeben sich die Kosten der hierzu notwendigen Arbeit nach Gleichung **5**), S. 37, zu:

$$K_B = V \cdot c_2 \cdot ln \left[c_3 \cdot \left(\frac{L_1\, V^2}{D_1^{5^1/_3}} + \frac{L_2 \cdot V_2^2}{D_2^{5^1/_3}}\right) + c_4\right]$$

Die Rohrkosten würden sein

$$K_R = c_1 \cdot (L_1 \cdot D_1 + L_2 \cdot D_2)$$

und die Gesamtkosten der Leitung lassen sich schreiben

$$K_{ges} = c_1 \cdot (L_1 \cdot D_1 + L_2 \cdot D_2) + c_2 \cdot V \cdot ln \left[c_3 \cdot \left(\frac{L_1 \cdot V^2}{D_1^{5^1/_3}} + \frac{L_2 \cdot V_2^2}{D_2^{5^1/_3}}\right) + c_4\right] \textbf{11)}$$

Man findet das Minimum für K_{ges}, wenn man die obige Gleichung einmal partiell nach D_1 und zum andern partiell nach D_2 ableitet, diese Ableitungen gleich Null setzt und aus den so erhaltenen zwei Gleichungen zwischen D_1 und D_2 die Werte der beiden bestimmt.

$$\frac{\delta K}{\delta D_1} = c_1 \cdot L_1 + c_2 \cdot V \cdot \frac{-5^1/_3 \cdot c_3 \cdot L_1 \cdot V^2 \cdot D_1^{-6^1/_3}}{c_3 \cdot \left(\frac{L_1 \cdot V^2}{D_1^{5^1/_3}} + \frac{L_2 \cdot V_2^2}{D_2^{5^1/_3}}\right) + c_4} = 0;$$

$$\frac{\delta K}{\delta D_2} = c_1 \cdot L_2 + c_2 \cdot V \cdot \frac{-5^1/_3 \cdot c_3 \cdot L_2 \cdot V_2^2 \cdot D_2^{-6^1/_3}}{c_3 \cdot \left(\frac{L_1 \cdot V^2}{D_1^{5^1/_3}} + \frac{L_2 \cdot V_2^2}{D_2^{5^1/_3}}\right) + c_4} = 0:$$

Aus diesen Gleichungen können die Werte von D_1 und D_2 bestimmt werden.

Sind mehr als eine Entnahmestelle vorhanden, so ist die Rechnung natürlich grundsätzlich genau dieselbe; so viele Abstufungen des Durchmessers man will, so viele partielle Ableitungen der Gleichung **11**) kann man bilden. Man hat also stets ebenso viele Gleichchungen wie Unbekannte. Die Rechnung gestaltet sich indessen mit wachsender Zahl der Unbekannten immer verwickelter.

Abb. 11 zeigt das Schema einer Leitungsanlage, die zwar heute für die Gasfernversorgung noch nicht ausgeführt ist, die sich aber sicher auch für diese Art von Leitungsanlagen einführen wird aus denselben Gründen, denen sie ihre Verbreitung für Niederdruckgasverteilung, für Wasser- und Elektrizitätsversorgung verdankt.

Eine derartige Anlage ist, abgesehen von ihrer größeren Betriebssicherheit, nur dann gegenüber der Einzelleitung wirtschaftlich vorteilhafter, wenn das zu versorgende Gebiet eine große Ausdehnung nach allen Seiten hat und längs beider Rohrstränge Zwischenentnahmen stattfinden. Man könnte demnach die beiden Rohrstränge A C D B und A E F B jeden für sich nach den für die Berechnung von Leitungen mit Zwischenentnahme gegebenen allgemeinen Gesichtspunkten berechnen. Es kommt aber bei dieser Anlage hinzu, daß der Anfangsdruck bei beiden Rohrsträngen gleich sein muß; man erhält daher die weitere Bedingung

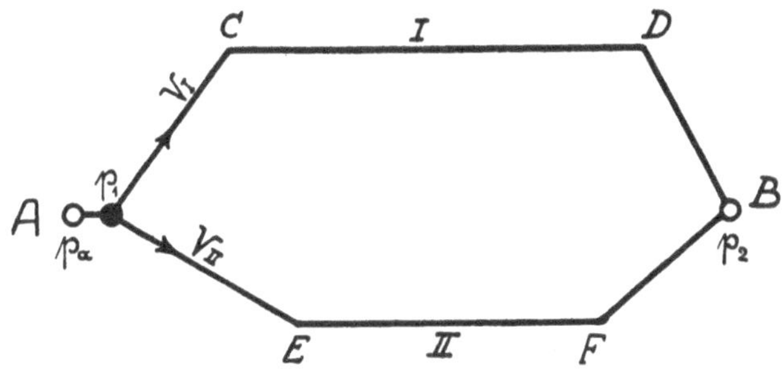

Abb. 11.

$$c_3 \cdot \left[\frac{L_1 \cdot V_I^2}{D_1^{5^1/_3}} + \frac{L_2 \cdot V_2^2}{D_2^{5^1/_3}} + \frac{L_3 \cdot V_3^2}{D_3^{5^1/_3}} + \dots\right]_I$$

$$= c_3 \cdot \left[\frac{L_1 \cdot V_{II}^2}{D_1^{5^1/_3}} + \frac{L_2 \cdot V_2^2}{D_2^{5^1/_3}} + \frac{L_3 \cdot V_3^2}{D_3^{5^1/_3}} + \dots\right]_{II}$$

worin die Zeiger I und II andeuten, daß die eine Summierung sich auf Rohrstrang I, die andere auf Rohrstrang II bezieht. Als weitere Forderung tritt hinzu, daß bei gleichem Druck p_1 die in A jedem Rohrstrang zufließenden Mengen in dem gewollten Verhältnis $\frac{V_I}{V_{II}}$ stehen. Nach Geichung **10)** ist

$$p_1^2 - p_2^2 = C \cdot \frac{L \cdot V^2}{D^{5^1/_3}}$$

Bei gleichem $(p_1^2 - p_2^2)$ werden sich die Mengen umgekehrt verhalten wie die Werte $\frac{L}{D^{5^1/_3}}$, d. h.

$$V^2 = C' \cdot \frac{D^{5^1/_3}}{L}$$

Die Rohrstränge I und II müssen also auch noch die Bedingung erfüllen

$$V_I^2 : V_{II}^2 = \frac{D_I^{5^1/_3}}{L_I} : \frac{D_{II}^{5^1/_3}}{L_{II}};$$

Diese Nachrechnung ist sehr einfach, wenn in jedem Rohrstrange nur ein einziger Durchmesser vorkommt. Sind aber die Rohrstränge aus mehreren Strecken mit verschiedenen Durchmessern zusammengesetzt, so muß man erst eine Umrechnung vornehmen.

Zu jeder Länge L eines Durchmessers D läßt sich eine äquivalente Länge L_0 eines Durchmessers D_0 finden aus der Beziehung

$$p_1^2 - p_2^2 = C \cdot \frac{L}{D^{5^1/_3}} = C \cdot \frac{L_0}{D_0^{5^1/_3}};$$

Man kann also den ganzen Rohrstrang umrechnen auf einen äquivalenten von dem Durchmesser D_0, der beliebig gewählt sein kann, indem man für die Längen L_1, L_2, L_3 usw. vom Durchmesser D_1, D_2, D_3 usw. die äquivalenten Längen

$$L_{01} = L_1 \frac{D_0^{5^1/_3}}{D_1^{5^1/_3}}; \; L_{02} = L_2 \frac{D_0^{5^1/_3}}{D_2^{5^1/_3}} \; \ldots \text{ usw.}$$

bildet und diese addiert. Nimmt man für beide Rohrstränge für die Umrechnung denselben Wert D_0, so müssen sich die äquivalenten Längen umgekehrt verhalten wie die Quadrate der Volumina

$$L_{0I} : L_{0II} = V_{II}^2 : V_I^2;$$

Eine exakte Rechnung dieser Aufgabe mit ihren mannigfaltigen verwickelten Beziehungen und Bedingungen ist mit einfachen mathematischen Mitteln nicht mehr möglich. Man wird aber mit dem nachstehend angegebenen Rechnungsverfahren eine ziemlich gute Annäherung an den günstigsten Betriebszustand erreichen können. Man rechnet zunächst die beiden Rohrstränge nach den für die Berechnung von Rohrsträngen mit Zwischenentnahme gegebenen Anweisungen. Sodann kontrolliert man das Verhältnis

$$\frac{D_I^{5^1/_3}}{L_I} : \frac{D_{II}^{5^1/_3}}{L_{II}}$$

Stimmt dieses Verhältnis nicht mit $V_I^2 : V_{II}^2$, so ändert man entweder nur einen oder möglichst beide Rohrstränge entsprechend um, da man auf letztere Art und Weise die Mehrkosten, die durch Erweiterung des einen Rohrstranges entstehen, am andern zum Teil oder ganz wieder einsparen kann. Es muß dabei auch beobachtet werden, daß Änderungen an dem Rohrstrang, der die größere Menge aufnehmen soll, die Druckerhöhungsarbeit einschneidender beeinflussen als

Änderungen an dem Strange für die kleinere Fördermenge. Es wird nicht schwer halten, unter Berücksichtigung der zu Anfang dieses Abschnittes angestellten allgemeinen Rechnungen für diese mehr gefühlsmäßigen Abänderungen das richtige Mittel zu finden. Hat man das erforderliche Verhältnis

$$\frac{D_I^{5^1/_3}}{L_I} : \frac{D_{II}^{5^1/_3}}{L_{II}}$$

mit möglichster Annäherung erreicht, so kann man die in A erforderliche Druckhöhe berechnen

$$p_1^2 - p_2^2 = c_3 \cdot \left[\frac{L_1 \cdot V_I^2}{D_1^{5^1/_3}} + \frac{L_2 \cdot V_2^2}{D_2^{5^1/_3}} + \frac{L_3 \cdot V_3^2}{D_3^{5^1/_3}} + \ldots\right]_I$$

$$= c_3 \cdot \left[\frac{L_I \cdot V_{II}^2}{D_1^{5^1/_3}} + \frac{L_2 \cdot V_2^2}{D_2^{5^1/_3}} + \frac{L_3 \cdot V_3^2}{D_3^{5^1/_3}} + \ldots\right]_{II}$$

Die Übereinstimmung des für den einen und den anderen Rohrstrang gefundenen Wertes von $(p_1^2 - p_2^2)$ wird um so besser sein, je genauer die beiden Stränge die Bedingung

$$\frac{D_I^{5^1/_3}}{L_I} : \frac{D_{II}^{5^1/_3}}{L_{II}} = V_I^2 : V_{II}^2$$

erfüllen. Wenn die beiden Werte nicht genau übereinstimmen, so besagt dies natürlich, daß die Verteilung V_I auf Rohrstrang *I* und V_{II} auf Rohrstrang *II* nicht ganz erreicht wird.

Würde in den beiden Rohrsträngen kein Gas unterwegs entnommen werden, sondern die ganze in *A* eingepumpte Menge nach *B* geleitet, so ist die dazu erforderliche Druckhöhe einfacher zu finden. Der Rohrstrang *I* habe die wirklichen, oder vorhandenen Abstufungen entsprechenden äquivalenten Abmessungen L_I für die Länge und D_I für den Durchmesser, bei Rohrstrang *II* seien die gleichen Größen L_{II} und D_{II}. Um den Wert $(p_1^2 - p_2^2)$ zu finden, ersetzt man zunächst den einen Rohrstrang z. B. *II* durch einen äquivalenten von der Länge L_I und dem Durchmesser D_{II}'

$$\frac{L_{II}}{D_{II}^{5^1/_3}} = \frac{L_I}{(D_{II}')^{5^1/_3}}; \qquad D_{II}' = D_{II} \cdot \left[\frac{L_I}{L_{II}}\right]^{3/16};$$

Nach Gleichung **10)** ist

$$p_1^2 - p_2^2 = c \cdot \frac{L}{D^{5^1/_3}}.$$

Im Falle zweier paralleler Rohrstränge bildet sich $D^{5^1/_3}$ als die Summe $[(D_I^{5^1/_3}) + (D_{II}'^{5^1/_3})]$ und es ist

$$p_1^2 - p_2^2 = c \cdot \frac{V^2 \cdot L_I}{D_I^{5^1/_3} + (D_{II}')^{5^1/_3}}$$

oder D_{II}' durch L und D_I ausgedrückt

$$p_1^2 - p_2^2 = c \cdot \frac{V^2 \cdot L_I}{D_I^{5^1/_3} + D_{II}^{5^1/_3} \frac{L_I}{L_{II}}}.$$

Ganz allgemein für n parallele Rohrstränge ergibt sich

$$p_1^2 - p_2^2 = c \cdot V^2 \cdot \frac{L_0}{D_I^{5^1/_3} \cdot \frac{L_0}{L_I} + D_{II}^{5^1/_3} \frac{L_0}{L_{II}} + \ldots . D_N^{5^1/_3} \frac{L_0}{L_N}}$$

wenn L_0 eine beliebige Bezugslänge ist.

Kennt man umgekehrt den Druckunterschied und will die dabei durch ein solches System paralleler Leitungen in einer bestimmten Zeit t fließende Menge feststellen, so ergibt sich diese nach Vorstehendem zu

$$V_t = c \cdot \sqrt{\frac{p_1^2 - p_2^2}{L_0} \cdot \left[D_I^{5^1/_3} \frac{L_0}{L_I} + D_{II}^{5^1/_3} \frac{L_0}{L_{II}} \ldots + D_N^{5^1/_3} \cdot \frac{L_0}{L_N} \right]}.$$

Mit den in den vorstehenden Abschnitten gegebenen Beziehungen kann man jedes System von Rohrleitungen für nichtschwankende Fördermengen mit ziemlich guter Annäherung sowohl für die entstehenden Kosten als auch für die zu erwartenden Betriebszustände berechnen. Es ist dabei aber immer vorausgesetzt, daß die Leitungen ohne größere Gefälle verlegt sind. Kommen größere Höhenunterschiede vor, so ist außer dem Strömungswiderstand unter Umständen auch noch der Einfluß dieser zu berücksichtigen. Bei größeren Druckunterschieden in der Leitung und den Höhenunterschieden, um die es sich im rheinisch-westfälischen Industriebezirk und seiner Umgebung im allgemeinen handeln wird, ist dieser Einfluß meist gering im Vergleich zu der insgesamt erforderlichen Druckhöhe. Es ist außerdem für die Gasverteilung immer nur der Überdruck des Gases gegenüber der umgebenden Luft von Bedeutung. Da aber für die gleiche Höhendifferenz der statische Druck der Luft wegen ihres größeren spezifischen Gewichtes weitaus schneller abnimmt als der Druck des Gases, so kann eine Verringerung des Enddruckes p_2 stattfinden, welche größer ist als der statische Druck der Gassäule von der Höhe der zu überwindenden Steigung. Der erforderliche Druckunterschied wird also bei einer steigenden Leitung noch geringer als bei einer horizontalen. Der andere Fall, daß die Verbrauchsstelle wesentlich tiefer liegt als die Erzeugungsstelle, ist nach Lage der Dinge in unserem Bezirk nicht zu erwarten. Ich habe aus diesem Grunde von einer ausführlicheren Behandlung des Einflusses der Höhenunterschiede auf die Leitungsanlagen an dieser Stelle Abstand genommen.

Während die bisher angestellten Rechnungen alle eine Schwankungen nicht unterworfene Fördermenge voraussetzen, soll im folgenden die für die Praxis der Gasfernleitung sehr wichtige Aufgabe der Berechnung der wirtschaftlichsten Leitung für eine mit der Zeit sich ändernde Fördermenge behandelt werden.

Für die Berechnung geht man zurück auf die Gleichung **2)**, S. 29, für die jährlichen Gesamtkosten, welche allgemein geschrieben lautet

$$K_{\text{jährl.}} = c_1 \cdot L \cdot D + c_2 \cdot s \cdot z \cdot V \cdot l_n \left[c_3 \cdot \frac{L \cdot V^2}{D^{5^1/_3}} + c_4 \right]$$

$K_{\text{jährl.}}$ ist mithin abhängig von D und V, so daß zu schreiben ist

$$K_{\text{jährl.}} = F\,(D,\ V).$$

Nun ist aber für eine größere Reihe von Jahren V als veränderlich, abhängig von der Zeit t, vorausgesetzt, so daß man schreiben kann

$$V = \varphi\,(t)$$

und deshalb

$$K_{\text{jährl.}} = G\,(D,\ t)$$

Für eine Reihe von Jahren ergeben sich die Gesamtkosten

$$K_{\text{ges}} = \int_{t_1}^{t_2} K_{\text{jährl.}} \cdot dt.$$

Gesucht ist das Minimum der für eine bestimmte Anzahl von Jahren entstehenden Gesamtkosten und es ist der Durchmesser zu ermitteln, der dieser Bedingung genügt. Derselbe ergibt sich bekanntlich aus

$$\frac{\delta K_{\text{ges}}}{\delta D} = 0.$$

Drückt man, wie oben, K_{ges} mit Hilfe von $K_{\text{jährl.}}$ aus, so kann man dafür schreiben

$$\int_{t_1}^{t_2} \frac{\delta K_{\text{jährl.}}}{\delta D} \cdot dt = 0$$

$$\frac{\delta K_{\text{jährl.}}}{\delta D} = c_1 \cdot L - 5^1/_3 \cdot \frac{c_2 \cdot s \cdot z \cdot c_3 \cdot L \cdot V_{(t)}^3}{c_3 \cdot D \cdot V_{(t)}^2 + c_4 \cdot D^{6^1/_3}};$$

Minimum von K_{ges} tritt ein für

$$0 = \int_{t_1}^{t_2} \left[c_1 \cdot L - 5^1/_3 \cdot \frac{c_2 \cdot s \cdot z \cdot c_3 \cdot L}{c_3 \cdot D \cdot V_{(t)}^2 + c_4 \cdot D^{6^1/_3}} \cdot V_{(t)}^3 \right] dt.$$

$$(t_2 - t_1) \cdot c_1 \cdot L = 5^1/_3 \cdot \frac{c_2 \cdot s \cdot z \cdot L}{D} \int_{t_1}^{t_2} \frac{V_{(t)}^3}{V_{(t)}^2 + \frac{c_4}{c_3} D^{5^1/_3}} \cdot dt \qquad \textbf{12)}$$

Die Lösung erfordert die Integration des Ausdrucks

$$\int_{t_1}^{t_2} \frac{V_{(t)}^3}{V_{(t)}^2 + \frac{c_4}{c_3} \cdot D^{5^1/_3}} \cdot dt$$

In bezug auf t ist D als Konstante zu betrachten und man kann schreiben, wenn man für $\frac{c_4}{c_3} \cdot D^{5^1/_3}$ die neue Konstante A einführt

$$\int_{t_1}^{t_2} \frac{V_{(t)}^3}{V_{(t)}^2 + A} \cdot dt. \qquad 13)$$

Es wird jetzt notwendig, die Beziehung zwischen V und t einzuführen. Zweckmäßig ist dieselbe so auszudrücken, daß die Integration möglich und nicht allzu schwierig wird, damit die Rechnung auch praktischen Wert behält.

Dabei ist es eine sehr bedeutende Vereinfachung, wenn die Schwankungen eines Jahres überhaupt unberücksichtigt bleiben, da dieselben durch eine einfache mathematische Beziehung nur angenähert darzustellen sind und ihre Berücksichtigung selbst in angenäherter Form die Rechnung erheblich verwickelter gestaltet. Es soll jedoch kurz untersucht werden, wie groß der mögliche Fehler sein wird, der durch die Einführung eines mittleren Jahresvolumens entsteht.

Die Schwankungen der Fördermenge beeinflussen natürlich nur die Druckerhöhungskosten. Diese schreiben sich nach der bekannten Formel

$$K_B = c' \cdot V \cdot \log [c'' \cdot V^2 + p_2^2].$$

Ist die Fördermenge schwankend und nimmt man einen stufenförmigen Verlauf, wie in Abb. 3 dargestellt, an, so ist statt dessen zu schreiben

$$K_B = \sum \left[\frac{c'}{12} \cdot V_w \cdot \log [c'' \cdot V_w^2 + p_2^2] \right]$$

wenn mit V_w die einzelnen nach den Monaten verschiedenen Fördermengen bezeichnet werden. Führt man noch für den veränderlichen Faktor, welcher das wechselnde Verhältnis der tatsächlichen monatlichen Fördermenge zum Monatsdurchschnitt angibt, die Bezeichnung a ein, so kann man $V_w = a \cdot V_{\text{mittel}}$ setzen.

Damit läßt sich schreiben

$$K_B = \sum \left[\frac{1}{12} \cdot c' \cdot V_m \cdot a \cdot \log [c'' \cdot V_m^2 \cdot a^2 + p_2^2] \right]$$

oder, da $\frac{1}{12} c' \cdot V_m$ für alle Glieder gleich ist,

$$K_B = \frac{1}{12} c' \cdot V_m \sum \left[a \cdot \log (c'' \cdot V_m^2 \cdot a^2 + p_2^2) \right]$$

Es bleibt also zu untersuchen, wie groß der Unterschied ist zwischen

$$\frac{1}{12}\sum\left[a \cdot \log\left(c'' \cdot V_m^2 \cdot a^2 + p_2^2\right)\right]$$

einerseits und

$$\log\left[c'' \cdot V_m^2 + p_2^2\right]$$

andrerseits.

In diesen beiden Ausdrücken stellt die eckige Klammer den Wert p_1^2 dar. Je größer der Wert p_1^2 ist, desto weniger wird durch den Faktor a^2, der, wenn man den Einfluß von p_2^2 außer acht läßt, im Logarithmus als Summand auftritt, die Größe des Logarithmus geändert werden. Da $\frac{1}{12}\sum a = 1$ ist, so wird die Abweichung zwischen beiden Ausdrücken um so geringer sein, je weniger sich der Logarithmus von einem mittleren Werte entfernt. Dies besagt mit andern Worten, daß die Vernachlässigung der jährlichen Schwankungen desto weniger einen Fehler bedeutet, je größer p_1^2 ist. Ich habe an zwei verschiedenen Beispielen, einmal mit geringem Wert von p_1^2, das andere Mal mit einem größeren den Einfluß der Vernachlässigung untersucht.

Für die Beispiele sind folgende Angaben gewählt:

1. $V_{\text{jährl.}} = 5\,000\,000\ \text{m}^3;\ V = 0{,}159\ \text{m}^3/\text{sec.}$
2. $V_{\text{jährl.}} = 50\,000\,000\ \text{m}^3;\ V = 1{,}590\ \text{m}^3/\text{sec.}$

In beiden Fällen ist die Entfernung zu 30 000 m, der Durchmesser zu 0,150 m angenommen. Die Werte für a sind die der Tabelle S. 20, dieselben sind nachstehend noch einmal angegeben:

$a_1 = 1{,}26$	$a_3 = 0{,}984$	$a_5 = 0{,}714$	$a_7 = 0{,}702$	$a_9 = 0{,}965$	$a_{11} = 1{,}42$
$a_2 = 1{,}05$	$a_4 = 0{,}780$	$a_6 = 0{,}690$	$a_8 = 0{,}785$	$a_{10} = 1{,}18$	$a_{12} = 1{,}47$

Die Konstante c'' hat den Wert der Gleichung 2), S. 29.

$$c'' = 10^{-7} \cdot 1{,}0259 \cdot \frac{L}{D^{5^1/_3}}:$$

Damit ergibt sich für das erste Beispiel

$$\log\left[c'' \cdot V_m^2 + p_2^2\right] = 0{,}4811989$$

$$\frac{1}{12}\sum a \cdot \log\left[c'' \cdot V_m^2 \cdot a^2 + p_2^2\right] = \frac{6{,}187}{12} = 0{,}517$$

Die Differenz zwischen beiden Werten ist 0,035; der aus V_m gewonnene Wert ist um 7 vH. zu klein. Beim zweiten Beispiel ist

$$\log\left[c'' \cdot V_m^2 + p_2^2\right] = 2{,}2876450$$

$$\frac{1}{12}\sum a \cdot \log\left[c'' \cdot V_m^2 \cdot a^2 + p_2^2\right] = \frac{27{,}80}{12} = 2{,}317$$

Die Differenz macht 0,030 oder etwa 1,3 vH. des genaueren Wertes. Im ersten Falle bewegt sich p_1^2 zwischen 5,267 und 2,018; der zu V_m sich ergebende Wert ist 3,0283; im zweiten Falle sind die entsprechenden Grenzen 417,8 und 92,9; der zu V_m gehörige Mittelwert ist 193,93 (vergl. die Zahlentafel 8).

Zahlentafel 8.

Einfluß der Vernachlässigung der jährlichen Schwankungen der Fördermenge.

Monat	a	1) $V_m = 0{,}159$ m³/sec		2) $V_m = 1{,}590$ m³/sec.	
		p_1^2	$a \cdot \log p_1^2$	p_1^2	$a \cdot \log p_1^2$
Januar	1,260	4,162	0,781	307,3	3,14
Februar	1,050	3,221	0,534	213,2	2,44
März	0,984	2,967	0,464	187,8	2,23
April	0,780	2,273	0,278	118,4	1,61
Mai	0,714	2,083	0,227	99,4	1,43
Juni	0,690	2,018	0,210	92,9	1,36
Juli	0,702	2,050	0,219	96,0	1,39
August	0,785	2,388	0,296	119,9	1,63
September	0,965	2·896	0,445	180,7	2,17
Oktober	1,180	3,785	0 683	269,6	2,87
November	1,420	4,988	0,990	389,8	3,68
Dezember	1,470	5,267	1,060	417,8	3,85
	$\Sigma\,[a \cdot \log p_1^2]$		6 187		27,80
		$\frac{1}{12} \cdot 6{,}187 =$	0 516	$\frac{1}{12} \cdot 27{,}80 =$	2,317
	Werte für V_m	3,028	0.481	193,93	2,287
		Differenz	+ 0,035	Differenz	+ 0,030

Bei dem allerdings nicht mehr geringen Fehler von 7 vH. ist zu bedenken, daß dieser Fehler ja nur bei den Betriebskosten gemacht wird, während die bei so kleinen Drücken meist erheblich höheren Rohrkosten davon ganz unberührt bleiben. Der Fehler wird sich also im Gesamtresultat wesentlich verkleinert bemerkbar machen. Der bei dem höheren Druck auftretende Fehler von 1,3 vH. kann unter allen Umständen unbedenklich vernachlässigt werden. Es ergibt sich also, daß außer der zu erreichenden Vereinfachung der Rechnung auch die geringe Größe des zu erwartenden Fehlers die Vernachlässigung der jährlichen Schwankungen wohl rechtfertigt.

Die danach noch verbleibenden Schwankungen der Fördermenge sind also lediglich die Aenderungen des Jahresverbrauchs. Der Jahresverbrauch wächst vor allem mit der zunehmenden Bevölkerungszahl. Natürlich bleibt auch der Preis des Gases sowie die Bequemlichkeit des Bezuges nicht ohne Einfluß auf den Verbrauch. Es ist sehr wohl denkbar, daß durch eine Verbilligung der auf den Kopf der Bevölkerung gerechnete Jahresverbrauch steigt, daß unter Umständen industrielle Anlagen bewogen werden können, statt der bisher gebrauchten Brennstoffe Gas zu verwenden und dergl.

Billigere Gaspreise werden ein ziemlich plötzliches Anschwellen des Gaskonsums veranlassen. Soweit also mit der Fernversorgung billigere Preie zu verwirklichen sind, ist dieser Einfluß schon bei der Festsetzung desjenigen Jahresbedarfs zu berücksichtigen, der bei Inbetriebsetzung der Anlage zu erwarten ist. Wenn auch die auf Grund der Preisermäßigung angenommene Verbrauchszunahme nicht unmittelbar bei der Einführung der Fernversorgung in ganzem Umfange eintreten wird, so ist doch andererseits als sicher zu betrachten, daß dieselbe nach ein bis zwei Jahren schon zum Stillstand gekommen ist und man von dieser Zeit ab für den Verbrauch privater Abnehmer nur noch mit der regelmäßigen Zunahme zu rechnen haben wird. Soweit sich industrielle Unternehmen vor Inbetriebsetzung der Anlage zum Bezuge von Gas verpflichten, kann man diese Mengen ebenfalls bei der Festsetzung des Verbrauchs des ersten Jahres berücksichtigen; für die noch zu erwartenden Abschlüsse aber ist natürlich nur auf Grund der Verhältnisse des einzelnen Falles irgend eine Entscheidung zu treffen.

Im wesentlichen ist also für die Änderungen des Verbrauchs, soweit sich dieselben im voraus ermitteln lassen, die jetzt beobachtete regelmäßige Zunahme desselben maßgebend. Über diese sind von den Gaswerken gute und vollständige Ermittlungen gemacht und im ganzen ist in den letzten Jahren ein prozentual gleichmäßiges Anwachsen des Gasverbrauches festgestellt. (Kommunales Jahrbuch 1909, 1910, 1911.) Will man die Berücksichtigung der Verbrauchszunahme auch auf eine weitergehende Verwendung von Gas zu industriellen Zwecken ausdehnen, so kann dies am einfachsten dadurch geschehen, daß man den fraglichen Prozentsatz etwas erhöht. Dies Verfahren ist zwar willkürlich, aber abgesehen davon, daß nur dadurch dieser Teil der Verbrauchszunahme überhaupt zu berücksichtigen ist, wird es bei gleicher Sorgfalt auch nicht ungenauer sein als wie jedes andere Verfahren, das zu seiner Grundlage eine auf Vermutungen gestützte Beurteilung der zukünftigen Entwicklung hat.

Nimmt man für die fernere Rechnung eine prozentual gleichmäßige Verbrauchszunahme an, so läßt sich schreiben

$$V_t = V_0 \cdot e^{a \cdot t}$$

Hierin bedeutet t die Anzahl der Betriebsjahre, V das der zu dieser Zeit zu befördernden Jahresmenge entsprechende sekundliche Volumen und e^{α} das Verhältnis des Verbrauches irgend eines Jahres zu dem des nächstvorhergehenden. Ist die jährliche Zunahme q vH., so wäre also

$$\alpha = ln\left[1 + \frac{q}{100}\right].$$

V_0 bezeichnet das aus dem Durchschnitt des ersten Jahres zu ermittelnde sekundliche Volumen bei Inbetriebsetzung der Leitung. Dann ist das Volumen am Ende dieses Jahres $V_1 = V_0 \cdot e^{\alpha} = V_0 \cdot \left(1 + \frac{q}{100}\right)$.

Es soll aber $\int_0^1 V_0 \cdot e^{\alpha t} \cdot dt$ die Jahresmenge des ersten Jahres ergeben, V_0 ist demnach kleiner als der Jahresdurchschnitt zu nehmen. Ersetzt man die bei den in Frage kommenden kleinen Werten von q nur schwach gekrümmte Kurve für $V = V_0 \cdot e^{\alpha t}$ durch eine gerade Linie, wie in Abb. 12 gezeichnet, so ist

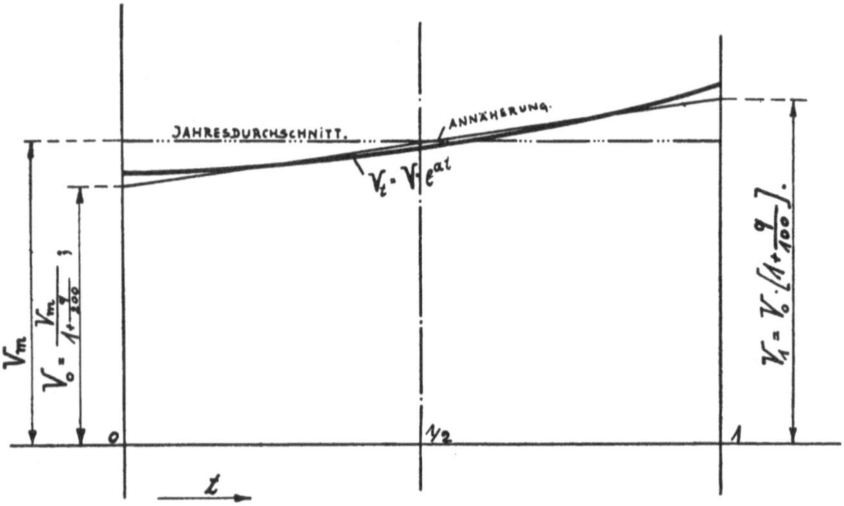

Abb. 12.

$$Vm = \frac{V_0 + V_0 \cdot e^{\alpha}}{2} \text{ oder } V_0 + V_0 \cdot \left(1 + \frac{q}{100}\right) = 2\,Vm;\; V_0 = \frac{Vm}{1 + \frac{q}{200}};$$

Unter Durchschnitt des ersten Jahres ist natürlich nicht die tatsächliche Fördermenge zu verstehen, sondern, soweit es sich um die Berechnung von V_0 handelt, die auf Grund der Ausführungen auf S. 51 ermittelte anfängliche Jahresleistung.

Der zu integrierende Ausdruck **13)** S. 48, lautete

$$\int_{t_1}^{t_2} \frac{V_{(t)}^3}{V_{(t)}^2 + A}\, dt$$

Mit $V_{(t)} = V_0 \cdot e^{\alpha t}$ läßt sich nunmehr schreiben

$$\int_{t_1}^{t_2} \frac{V_0^3 \cdot e^{3\alpha t}}{V_0^2 \cdot e^{2\alpha t} + A} \cdot dt$$

oder

$$V_0 \cdot \int_{t_1}^{t_2} \frac{e^{3\alpha t}}{e^{2\alpha t} + \frac{A}{V_0^2}}\, dt = V_0 \int_{t_1}^{t_2} \frac{e^{3\alpha t}}{e^{2\alpha t} + B}\, dt$$

Setzt man $e^{\alpha t} = u$, so ist $\alpha \cdot e^{\alpha t} \cdot dt = du$ und $dt = \frac{du}{\alpha \cdot u}$;

$$\int \frac{e^{3\alpha t}}{e^{2\alpha t} + B}\, dt = \int \frac{u^3 \cdot dt}{u^2 + B} = \frac{1}{\alpha} \cdot \int \frac{u^2 \cdot du}{u^2 + B}$$

Die Auflösung des Integrals ergibt

$$\int \frac{u^2 \cdot du}{u^2 + B} = u - \sqrt{B} \,.\, arc\,tg \frac{u}{\sqrt{B}}$$

oder für u wieder $e^{\alpha t}$ eingesetzt

$$e^{\alpha t} - \sqrt{B} \cdot arc\,tg \frac{e^{\alpha t}}{\sqrt{B}}$$

Die Auflösung des Ausdrucks unsrer Aufgabe hat also zu lauten

$$\int_{t_1}^{t_2} \frac{e^{3\alpha t}}{e^{2\alpha t} + B}\, dt = \frac{1}{\alpha} \left[(e^{\alpha t_1} - e^{\alpha t_2}) - \sqrt{B} \cdot (arc\,tg \frac{e^{\alpha t_1}}{\sqrt{B}} - arc\,tg \frac{e^{\alpha t_2}}{\sqrt{B}}) \right]$$

Es läßt sich schreiben

$$arc\,tg\, x - arc\,tg\, y = arc\,tg \frac{x - y}{1 + x \cdot y};$$

Damit wird

$$arc\,tg \frac{e^{\alpha t_2}}{\sqrt{B}} - arc\,tg \,.\, \frac{e^{\alpha t_1}}{\sqrt{B}} = arc\,tg \frac{\frac{1}{\sqrt{B}} (e^{\alpha t_2} - e^{\alpha t_1})}{1 + \frac{e^{\alpha t_2 + \alpha t_1}}{B}} = arc\,tg \frac{\sqrt{B} \cdot (e^{\alpha t_2} - {}^{\alpha t_1})}{B + e^{(\alpha t_2 + \alpha t_1)}};$$

Setzt man dies in die Gleichung **12)** S. 47, ein und ersetzt gleichzeitig B durch seinen Wert $B = \frac{A}{V_0^2} = \frac{c_4 \cdot D^{5^1/_3}}{c^3\, V_0^2}$ so wird

$(t_2 - t_1) \cdot c_1 \cdot L =$

$$5^1/_3 \frac{c_2 \cdot s \cdot z \cdot L}{D} \cdot V_0 \cdot \frac{1}{\alpha} \cdot \left[(e^{\alpha t_2} - e^{\alpha t_1}) - \sqrt{\frac{c_4 \cdot D^{5^1/_3}}{c_3 \cdot V_0^2}}\, art\,tg \frac{\sqrt{\frac{c_4 \cdot D^{5^1/_3}}{c_3 \cdot V_0^2}} \cdot (e^{\alpha \cdot t_2} - e^{\alpha t_1})}{\frac{c_4 \cdot D^{5^1/_3}}{c_3 \cdot V_0^2} + e^{(\alpha t_2 + \alpha t_1)}} \right]$$

Aus dieser Gleichung ist die alleinige Unbekannte D zu ermitteln; damit ist der gesuchte günstigste Rohrdurchmesser gefunden.

Es sei z. B. für eine der Versorgung einer größeren Stadt dienende Anlage die unter Berücksichtigung aller Anschlußmöglichkeiten zu erwartende anfängliche Jahresmenge zu 20 Mill. m^3 ermittelt worden. Die Entfernung der Verbrauchsstelle betrage 50 km von der Erzeugungsstelle. Auf Grund der Statistik ist die zu erwartende jährliche regelmäßige Konsumsteigerung etwa 4,5 vH. Da bei der Festsetzung des Anfangsbedarfes schon alle außerordentlichen Faktoren wie Eingemeindungen und Preisermäßigungen berücksichtigt sind, so wird lediglich mit Rücksicht auf den zu erwartenden größeren Verbrauch des Gases zu Heizzwecken ein jährlicher Bedarfszuwachs von 5 vH. angenommen. Die Dauer des zwischen der Stadt und dem Gasversorgungsunternehmen abgeschlossenen Vertrages belaufe sich auf 25 Jahre. Wählt man im übrigen die auch in den früheren Rechnungen benutzten Werte für s, z und p_2, so ist

$$25 \cdot 8{,}095 \cdot 50000 = 5\tfrac{1}{3} \cdot \frac{34762 \cdot 0{,}04 \cdot 24 \cdot 50000}{D} \cdot V_0 \cdot \frac{1}{\alpha}\left[\cdot\ \cdot\ \cdot\ \cdot\right]$$

$$\frac{1}{\alpha} \cdot \left[(1{,}05^{25}-1) - \sqrt{\frac{1{,}05^2 \cdot D^{5\frac{1}{3}}}{10^{-7} \cdot 1.0259 \cdot V_0^2}}\; arc\,tg \frac{\sqrt{\frac{1{,}05^2 \cdot D^{5\frac{1}{3}}}{10^{-7} \cdot 1{,}0259 \cdot V_0^2}}\,(1{,}05^{25}-1)}{\frac{1{,}05^2 \cdot D^{5\frac{1}{3}}}{10^{-7} \cdot 1{,}0259 \cdot V_0^2} + 1{,}05^{25}}\right] \quad *)$$

$$\alpha = ln\ 1{,}05 = 0{,}04870;$$

V_0 ist zu ermitteln als

$$\frac{20\,000\,000}{365 \cdot 24 \cdot 3600} \cdot \frac{1}{1 + \frac{5}{200}} = 0{,}62\ m^3/sec.$$

Die Ausrechnung ergibt

$$493694\, D = 5517400000 \cdot \Big[2{,}38612 -$$

$$- 5287{,}52 \cdot D^{2\frac{2}{3}} \cdot arc\,tg \frac{5287{,}52 \cdot D^{2\frac{2}{3}} \cdot 2{,}38612}{27957900 \cdot D^{5\frac{1}{3}} + 3{,}38612}\Big]$$

$$0{,}494 \cdot D = 5517{,}4 \cdot 2{,}38612 -$$

$$- 5517{,}4 \cdot 5287{,}52 \cdot D^{2\frac{2}{3}} \cdot arc\,tg \frac{5287{,}52 \cdot D^{2\frac{2}{3}} \cdot 2{,}38612}{27957900 \cdot D^{5\frac{1}{3}} + 3{,}38612};$$

Da D in Metern ausgedrückt wird und mit Sicherheit kleiner als 1,00 zu erwarten ist, so kann man die linke Seite der Gleichung wegen ihrer geringen Größe (für D = 1,00 weniger wie 0,004 v. H. des absoluten Gliedes) vernachlässigen.

Dann kann man schreiben:

$$2{,}38612 = 5287{,}52 \cdot D^{2\frac{2}{3}} \cdot arc\,tg \frac{5287{,}52 \cdot D^{2\frac{2}{3}} \cdot 2{,}38612}{27957900 \cdot D^{5\frac{1}{3}} + 3{,}38612} \qquad 14)$$

---

*) Vergl. auch Gleichung 4) S. 37.

Diese Zahlenwerte zeigen, daß der Wert des arc tg nur klein sein kann. Der ganze Ausdruck hat die Form

$$a = b \cdot x \cdot arc\,tg \frac{b \cdot x \cdot c}{b^2 \cdot x^2 + d};$$

Hierin ist d sehr klein gegenüber b^2x^2 und daher fast ohne Einfluß auf den Wert des Quotienten. Nun ist der arc tg sehr kleiner Winkel, wie sie hier in Frage kommen, fast genau gleich dem tg, so daß aus dem obigen Ausdruck näherungsweise wird

$$a = b \cdot x \cdot \frac{b \cdot x \cdot c}{b^2 \cdot x^2},$$

was für alle Werte von x gleich richtige oder gleich unrichtige Werte von a ergeben muß. Will man daher aus der Auflösung der Gleichung **14)** ein einigermaßen zuverlässiges Resultat erhalten, so ist die Rechnung mindestens mit der Genauigkeit durchzuführen, wie sie die logarithmische Rechnung gestattet. Auf dieser Grundlage sind die nachstehenden, für verschiedene Werte von D erhaltenen Resultate gewonnen. Für Werte von $27\,957\,900 \,.\, D^{5^1/_3}$, welche größer wie 100 000 werden, ist jedoch der Summand 3,38612 des Nenners vernachlässigt, da seine Berücksichtigung mit der Genauigkeit der Tafeln doch nicht mehr zuverlässig möglich ist.

Der Logarithmus von 2,38612 ist 0,377 **6922.** Für verschiedene Werte von D ergeben sich nachstehende Werte für den Logarithmus der rechten Seite der Gleichung **14)**:

$D =$	0,250	0,300	0,350	0,400
log 0,377	**4596**	**6542**	**6829**	**7109**
$D =$	0,450	0,500	0,550	
log 0,377	**6892**	**6444**	0,376 **5910**	

Am nächsten kommen dem wirklichen Werte die für D = 0,300, 0,350, 0,400, 0,450 gefundenen Zahlen. Die Resultate zeigen wie erwartet nur geringe Abweichungen sowohl für unmittelbar aufeinanderfolgende Werte von D als auch im ganzen. Dies gestattet die Deutung, die sich weiterhin bestätigt, daß innerhalb gewisser Grenzen der Durchmesser von sehr geringem Einfluß auf die erwachsenden Gesamtkosten ist. Jedenfalls ist die Entscheidung, welcher von den vier nächstliegenden Durchmessern wirklich der günstigste ist, auf Grund derartig geringer Abweichungen nicht mit Sicherheit zu treffen. Aber die Grenzen, innerhalb deren der günstigste Durchmesser liegt, sind doch damit ziemlich deutlich bestimmt.

Für eine genauere Untersuchung bleibt kein anderer Weg als die Summierung der für jedes Jahr der Vertragszeit erwachsenden Kosten. Bei derselben Anlage bleiben die Rohrkosten in allen Jahren dieselben, nur die Betriebskosten ändern sich. Es genügt daher die Summierung dieser letzteren. Die Betriebskosten sind nach früherem

$$K_B = 76841 \cdot V \cdot \log \left[10^{-7} \cdot 1{,}0259 \cdot \frac{L \cdot V^2}{D^{5^1/_3}} + p_2^2 \right]$$

wobei der Wirkungsgrad der Verdichtung zu $\eta = 0{,}7$ gesetzt ist. Nach früheren Ausführungen ist für geringe Drucksteigerungen η kleiner zu wählen. Bei niedrigen Werten des Druckverhältnisses $\frac{p_1}{p_a}$ kann, wie auf Seite 24 angeführt, mit der einfacheren Formel für die Druckerhöhungsarbeit:

$$L_{eff} = \frac{1}{\eta} \cdot V_a \cdot (P_1 - P_a)$$

gerechnet werden, woraus sich die jährlichen Betriebskosten in ebenso einfacher Weise zu

$$K_B = \frac{1}{\eta} \cdot 4{,}68 \cdot V_a \cdot (P_1 - P_a)$$

ergeben. Erfolgt das Ansaugen bei atmosphärischem Drucke, so kann für V_a unmittelbar der Wert V eingesetzt werden.

Es muß als ein die Genauigkeit der Rechnung erhöhender Umstand hervorgehoben werden, daß man in der Lage ist, bei der Ermittlung der Betriebskosten mit dem den jeweiligen Betriebsverhältnissen am besten entsprechenden Wirkungsgrad zu rechnen, was bei dem Verfahren der Differentialrechnung nicht ohne weiteres möglich ist. Schon aus diesem Grunde empfiehlt sich eine Nachrechnung mit dem Verfahren der Summierung.

Auf Grund der vorstehenden Erwägungen sind die Werte der Zahlentafel 9 errechnet worden. Aus diesen Aufstellungen können für die voraussichtliche Entwicklung der Anlage wertvolle Aufschlüsse gewonnen werden.

Zunächst sind tatsächlich, wie schon nach S. 55 zu erwarten, die Gesamtkosten für die verschiedenen Rohrdurchmesser nur wenig verschieden. Unterschiede von 5 vH. können keinen Ausschlag mehr geben bei Rechnungen, die auf Annahmen gestützt sind, die für 25 Jahre im Voraus getroffen wurden. In diesen Annahmen können ja weitaus größere Abweichungen von den rechnungsmäßig sich ergebenden Zuständen begründet sein, als diese 5 vH. bedeuten.

Auch hier dürfte daher die Entscheidung für den zu verlegenden Durchmesser nicht lediglich nach dem Gesichtspunkte der geringsten

Zahlentafel 9.

Betriebs- und Gesamtkosten für die Leitungen von 0,30, 0,35, 0,40 und 0,45 m Durchmesser für den Zeitraum von 25 Jahren.

Betriebsjahr	Jährl. Fördermenge	Mittlere sekundl. Fördermenge	Mittlerer Anfangsdruck kg/cm²				Jährliche Kosten in 1000 Mark.								Kosten pro m³ gefördertes Gas Pfg./m³			
			D	D	D	D	D = 0,30		D = 0,35		D = 0,40		D = 0,45					
	Mill.m³/J.	m³/sec	0,30	0,35	0,40	0,45	Betriebskosten	Gesamtkosten	Betriebskosten	Gesamtkosten	Betriebskosten	Gesamtkosten	Betriebskosten	Gesamtkosten	D = 0,30	D = 0,35	D = 0,40	D = 0,45
1	20,00	0.634	1,380	1,205	1,130	1,090	13,60	135,10	7,90	149.65	6,55	168,55	4.45	176,70	0,676	0,750	0,842	0,883
2	21.00	0,666	1,420	1,228	1.140	1,100	15.70	137,20	9,10	150,85	7,30	169,30	5,20	177,45	0,653	0,717	0,806	0,845
3	22,05	0,699	1,470	1.254	1,154	1,102	18,15	139,65	10,60	152,35	8,40	170 40	5.65	177,92	0,633	0,690	0,773	0,807
4	23,15	0,734	1,530	1,285	1,170	1,115	20.85	142.35	12 25	154,00	9,75	171,75	6,58	178,83	0,615	0,665	0,742	0.772
5	24 30	0,771	1.590	1,318	1,183	1,125	24,00	145,50	14,15	155,90	11,00	173 00	7,50	179,75	0,598	0,641	0.712	0,740
6	25,75	0,810	1,660	1.355	1,208	1,136	27,50	149,00	16,35	158,10	13,00	175,00	8,60	180,85	0,578	0,614	0,680	0,708
7	26,80	0.850	1,740	1,395	1,230	1,150	31,40	152 90	18,95	160,70	11,85	173,85	9,95	182,20	0,570	0,600	0,648	0,680
8	28,10	0,892	1,830	1,440	1.255	1.165	35,90	157,40	21,80	163,55	13,65	176,65	11,50	183,75	0,560	0,581	0,628	0,653
9	29,55	0.937	1.920	1,500	1,280	1,182	40.80	162,30	25,20	166,95	15,80	177,80	13,30	185,55	0,550	0,565	0 602	0,628
10	31 05	0,984	2 020	1,560	1,320	1,202	46 40	167,90	29,00	170,75	18.30	180,30	15,50	187,75	0.540	0,550	0,580	0,604
11	32 60	1,033	2.140	1,620	1.360	1.223	52,40	173 90	33,30	175.05	21,20	183.20	17,95	190,20	0,533	0,538	0,562	0,583
12	34 20	1,084	2,260	1,690	1,400	1,250	59,10	180,60	38.10	179,85	24.50	184,50	16,20	188,45	0,528	0,526	0.540	0,551
13	35,95	1,139	2,400	1,770	1,450	1,280	66,50	188,00	43,60	185 35	28,25	190,25	18,70	190,95	0,523	0,516	0.529	0,531
14	37,70	1,195	2,550	1,860	1,500	1,310	74.60	196,10	49,60	191,35	32 60	194,60	21,60	193,85	0,520	0,507	0,516	0,514
15	39,60	1,255	2.710	1,960	1,560	1.345	83,50	205.00	56 40	198,15	37,45	199.45	25,10	197,35	0,518	0,500	0,504	0,498
16	41,60	1,318	2.880	2,070	1,630	1 390	93,20	214,70	64,00	205,75	43,10	205.10	29,00	201,25	0,516	0,494	0 493	0,483
17	43.70	1.384	3,070	2.180	1,710	1,435	103,70	225,20	72,20	213,95	49,20	211,20	33,40	205,65	0,515	0,489	0,483	0,470
18	45,80	1,453	3,280	2,310	1,790	1,485	115,50	237,00	81,40	223,15	56,20	218.20	38,60	210,85	0,515	0,486	0.476	0,460
19	48,10	1,526	3,510	2,460	1,870	1,540	127,80	249,30	91,40	233,15	64,10	226,10	44.30	216,55	0,518	0,484	0,470	0,450
20	50,50	1.602	3,750	2,610	1,970	1,610	141,50	263,00	102.30	244.05	72,80	234,80	51,00	223,25	0,521	0,483	0,465	0,442
21	53,10	1,682	4,010	2,770	2,090	1,680	156.20	277,70	114,60	256,35	82,40	244.40	58,30	230,55	0,522	0,483	0,461	0.434
22	55,70	1,766	4.300	2,960	2,200	1,760	172,00	293,50	127,70	269,45	93,00	255,00	66,60	238,85	0,526	0,484	0,457	0.429
23	58,50	1.855	4,610	3,150	2,330	1.850	189,00	310,50	142 00	283.75	103.80	265,80	76,00	248,25	0,530	0,485	0,454	0,424
24	61,40	1 947	4,940	3,460	2,470	1,950	207 00	328,50	157,80	299,55	117,70	279,70	82.30	254,55	0,535	0,487	0.456	0,414
25	64.50	2,045	5,300	3,590	2,630	2,050	228,00	349,50	175,00	316,75	132,00	294,00	98,00	270,25	0,541	0,491	0,456	0,419
V_{max}/Tag = $\frac{1}{200}$ · 64,50		=3,740	7,100	4.870	3,420	2,600												

Gesamtkosten zu treffen sein. Ein Umstand, dem mindestens die gleiche Bedeutung beizumessen ist, ist der Eintritt eines Ertrages für die Anlage. Es ist selbstverständlich, daß die für den Anfang viel zu weite und zu teure Rohrleitung einen gewinnbringenden Betrieb zunächst verhindert. Andererseits ist aber danach zu streben, daß die Leitung möglichst bald mit einem guten Ergebnis arbeitet. Dies ist um so eher der Fall als die anfänglich zu hohen Rohrkosten auf einen im Verhältnis zur Fördermenge geringeren Satz gesunken sind. Je kleiner und billiger die Rohrleitung, desto früher tritt dies ein. Man wird daher vielleicht, wenn der Unterschied der Kosten bei zwei Leitungen nicht groß ist, in diesem Falle der engeren Leitung den Vorzug geben. Denn wegen einer vielleicht möglichen Ersparnis von 1 oder 2 vH. der Gesamtkosten innerhalb 25 Jahren wird man kaum ein paar Jahre länger ohne greifbaren Gewinn arbeiten wollen. Daß die Zahlentafel 9 die dazu erforderliche Übersicht verschafft, ist ihre Hauptbedeutung.

Aus der letzten Rubrik „Kosten pro m³ geförderten Gases" ist zu ersehen, daß für wachsende Förderung die Kosten pro Einheit von einer bestimmten Stelle ab wieder zunehmen. Es ist bei der Wahl des Durchmessers auch auf diesen Umstand zu achten, damit nicht gegen Ende der Vertragszeit die Rentabilität geringer wird. An sich bedeutet ja die Zunahme der Kosten pro Einheit noch keinen Mindergewinn, da der kleinere Überschuß pro einzelnes Kubikmeter mit einer größeren Anzahl von Kubikmetern multipliziert wird. Erst wenn das Produkt aus beiden kleiner wird, tritt die Verringerung des Gewinnes ein. Dabei ist natürlich der in allen bisherigen Rechnungen ebenfalls nicht berücksichtigte Unkostenanteil der Verkaufs- und Verwaltungsorganisation vernachlässigt.

Auf jeden Fall ermöglichen die Tafeln die Aufstellung eines vollständigen Planes für den Betrieb und die finanzielle Entwicklung des Unternehmens. Insbesondere über den Zeitpunkt, zu dem ein Erträgnis zu erwarten ist, gewinnt man sehr schnell Aufschluß. Ist die Spannung zwischen Gaseinkauf und Gasverkauf z. B. 0,65 Pf./m³, so würde wiederum unter Vernachlässigung der Geschäftsunkosten bei der Leitung von 0,300 m schon nach 3 Jahren, bei den übrigen nach 5, bezw. 7, bezw. 9 Jahren eine die Unkosten übersteigende Einnahme zu erwarten sein. Die Entscheidung für den Durchmesser ist nach dem Vorstehenden hauptsächlich durch die mögliche oder gewollte finanzielle Entwicklung bestimmt. Auch spielt die Beurteilung der zukünftigen Entwicklung eine Rolle bei dieser Entscheidung. Erwartet man eine größere Verbrauchszunahme, so wird man lieber einen etwas größeren Durchmesser wählen, während für eine vorsichtigere Einschätzung der Zukunftsmöglichkeiten die kleinere Leitung die größeren Aussichten bietet.

Eine Bedingung rein technischer Art darf jedoch nicht übersehen werden. Die Leitung muß imstande sein, bei einem für sie zulässigen Betriebsdruck die größte innerhalb der ganzen Vertragszeit von ihr verlangte Tagesmenge zu liefern. $^1/_{200}$ der größten Jahresmenge von 64,5 Millionen m^3 ergibt eine sekundliche Fördermenge von 3,740 m^3. Dem entsprechen Drücke von 7,10, 4,87, 3,42, und 2,60 kg/cm^2 bei den Durchmessern von 0,300, 0,350, 0,400 und 0,450 m. Es ist eine Frage der Ausführung, ob diese Drücke für die verschiedenen Leitungen zulässig sind oder nicht. Falls sich der Druck als unzulässig hoch herausstellen sollte, kann man die Verlegung einer weiteren Rohrleitung umgehen durch die spätere Anlage einer zweiten Druckstation und Anwendung unterteilter Druckerzeugung. Hierüber wird in einem andern Abschnitt noch berichtet werden.

III. Die Verwendung hoher Betriebsdrücke.

Die bisher erhaltenen Zahlenresultate weisen darauf hin, daß in vielen Fällen die Verwendung weitaus höherer Drücke, als dies bisher üblich war, aus wirtschaftlichen Gründen vorteilhaft ist. Man sieht aber bei praktisch ausgeführten Anlagen in Deutschland stets nur sehr geringe Drücke in Anwendung, wenn auch die Verwendung von etwa 2 kg/cm^2 bei einer größeren Anlage heute ins Auge gefaßt ist. Dies bedeutet aber doch immer noch wenig gegenüber Drücken von 30 und mehr Atmosphären, wie sie z. B. bei den amerikanischen Ferngasleitungen in Gebrauch sind. Ich nehme hier gleich Gelegenheit zu bemerken, daß derartig hohe Drücke für unsere Verhältnisse kaum in Frage kommen, da bei uns die Entfernungen nicht so gewaltig sind, aber Drücke von etwa 10 bis 14 kg/cm^2 würden auch in unseren Verhältnissen oft mit Vorteil anzuwenden sein.

Der Ursachen sind mehrere, weshalb derartige Drücke nicht zur Anwendung gelangt sind. Ein Hinderungsgrund für die Verwendung besonders hohen Druckes ist der Umstand, daß bei starker Kompression des Gases gewisse Bestandteile, insbesondere die schweren Kohlenwaserstoffe, zerfallen und dadurch die Leuchtkraft und den Heizwert des Gases ungünstig beeinflussen. In Amerika hat man tatsächlich bei Naturgas, das mit sehr hohem Druck durch die Leitungen gegangen war, ein wenn auch geringfügiges Nachlassen des Heizwertes festgestellt. Über diesen Punkt sind aber bezüglich des Leuchtgases noch erst genauere Untersuchungen und Erfahrungen abzuwarten. Sollte wirklich die behauptete Erscheinung in nennenswertem Umfang schon bei verhältnismäßig niedrigen Drücken und guter Kühlung bei der Kompression eintreten, so wäre sie allerdings ein schweres Hindernis für die Verwendung hoher Betriebsdrücke.

Ein anderer Grund, der heute noch die Verwendung höherer Drücke hindert, ist die Leitungsfrage. Die fast ausschließlich übliche Art der Verlegung unterirdischer Leitungen mit bleivergossener Muffendichtung ist für die Anwendung höherer Drücke allerdings nicht unbedenklich, wenngleich auf der anderen Seite zu beachten ist, daß aus solchen Rohren gebaute Wasserleitungsnetze bis zu 7 und 8 atm. abs. in regelmäßigem Betrieb aushalten müssen. Daß an sich Leitungen gebaut werden können, die auch weit höheren Drücken standhalten können und die doch nur so geringe Anforderungen an die Zugänglichkeit der Verbindungen stellen, daß man sie ruhig unterirdisch verlegen kann, beweisen die amerikanischen Fernleitungen. In Amerika sind eine ganze Reihe der verschiedensten, beweglichen und starren, billigen und teuren Rohrverbindungen speziell für die Zwecke der Gasfernleitungen entstanden. Es wird also die Leitungsfrage auf keinen Fall ein dauerndes Hindernis für die Einführung höherer Betriebsdrücke bilden. Schon jetzt hat man auch in Deutschland teilweise Zusatzdichtungen in Gestalt von Gummipackungen angewandt.

Der eigentliche Grund, weshalb die hohen Drücke so wenig angewandt werden, ist darin zu sehen, daß man sehr große Undichtigkeitsverluste befürchtet. In den nachstehenden Ausführungen soll untersucht werden, wie weit diese Befürchtungen berechtigt sind.

Man kann die Undichtigkeiten betrachten als ein Ausströmen aus nicht erweiterten, unvollkommenen Düsen mit sehr kleinen Koeffizienten φ. Da es sich nur um Vergleichsrechnungen handelt, so spielt die absolute Größe von φ keine Rolle. Im folgenden bezeichne

p, P, v . . . den Druck und das spezifische Volumen des Gases in dem Rohr,
p_0, P_0 . . . . den Druck außerhalb des Rohres,
p_1 . . . . . . den Druck beim Austritt aus der undichten Stelle „Mündungsdruck",
w_0, w_1 . . . . die Ausflußgeschwindigkeit,
F_0 . . . . . . } die Querschnitte der undichten Stelle, in denen
F_1 . . . . . . } die Drücke p_0 bezw. p_1 erreicht werden.

Es sind zwei Fälle zu unterscheiden

1. Ausströmung unterhalb des kritischen Druckverhältnisses,
2. Ausströmung bei Ueberschreitung des kritischen Druckverhältnisses.

Im ersten Falle ist

$$w_0 = \varphi \sqrt{2g \cdot \frac{\chi}{\chi - 1} \cdot P \cdot v \cdot \left[1 - \left(\frac{p_0}{p}\right)^{\frac{\varkappa-1}{\varkappa}}\right]} \text{ (Hütte, 20. Aufl. S. 357).}$$

Hierin ist, da im Rohre immer die gleiche Temperatur angenommen wird, $P. v = \text{const.}$

Daher ist

$$w_0 = c_1 \cdot \left[1 - \left(\frac{p_0}{p}\right)^{\frac{\varkappa-1}{\varkappa}}\right]^{1/2}$$

Das durch die Undichtigkeit ausströmende Gasgewicht ist

$$G_u = w_0 \cdot F_0 \cdot \frac{1}{v_0};$$

ferner

$$\frac{v_0}{v} = \left(\frac{p}{p_0}\right)^{1/\varkappa}; \; v_0 = v \cdot \left(\frac{p}{p_0}\right)^{1/\varkappa}; \; v = c \cdot \frac{1}{p};$$

$$G_u = c_2 \cdot p \cdot \left(\frac{p_0}{p}\right)^{1/\varkappa} \cdot \left[1 - \left(\frac{p_0}{p}\right)^{\frac{\varkappa-1}{\varkappa}}\right]^{1/2}$$

$$G_u = c_2 \cdot p \cdot \left[\left(\frac{p_0}{p}\right)^{2/\varkappa} - \left(\frac{p_0}{p}\right)^{\frac{\varkappa+1}{\varkappa}}\right]^{1/2}$$

$$G_u = c_2 \cdot p \cdot \left[\frac{c_3}{p^{1,42}} - \frac{c_4}{p^{1,72}}\right]^{1/2};$$

$p^{1,42}$ nimmt langsamer zu als $p^{1,72}$; infolgedessen nimmt der negative Wert rascher ab als der positive, d. h. G_u nimmt schneller zu als proportional p. Es ist bekanntlich

$$V = C \cdot \sqrt{p_1^2 - p_2^2}$$

Da V stets auf den gleichen Zustand bezogen ist, so ist das durch die Leitung strömende Gasgewicht G direkt proportional V und es läßt sich auch schreiben

$$G = C_1 \cdot \sqrt{p_1^2 - p_2^2}$$

In der Abb. 13 ist nun der Verlauf für den Undichtigkeitsverlust G_u in dem Bereich unterhalb des kritischen Druckverhältnisses, welches etwa bei $\frac{p_0}{p} = 0{,}5$ liegt, aufgezeichnet. Zugleich damit ist der Wert $G = C_1 \sqrt{p_1^2 - p_2^2}$ zur Darstellung gebracht. Man ersieht daraus, daß an allen Stellen unterhalb des kritischen Druckverhält-

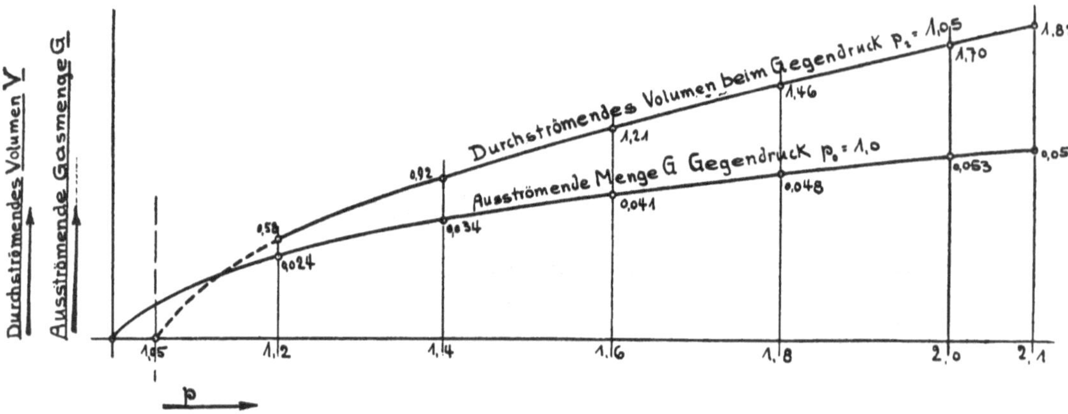

Abb. 13.

nisses bei wachsendem p das durch die Leitung strömende Gasgewicht G rascher zunimmt als das durch die Undichtigkeiten ausströmende Gewicht Gu.

Für Ausströmungen, bei denen das kritische Druckverhältnis überschritten ist, wird die Geschwindigkeit im Austrittsquerschnitt

$$w_1 = \sqrt{2g \cdot \frac{\chi}{\chi + 1} \cdot P \cdot v} \text{ (Hütte, 20. Aufl. S. 359).}$$

und das ausströmende Gasgewicht

$$Gu = w_1 \cdot F_1 \cdot \frac{1}{v_1};$$

worin F_1 für dieselbe undichte Stelle natürlich konstant ist.

Ferner ist

$$\frac{v_1}{v} = \left(\frac{p}{p_1}\right)^{1/\varkappa} = \left(\frac{1}{\beta}\right)^{1/\varkappa} = \text{const.}$$

da β, der Wert des kritischen Druckverhältnisses, für einen bestimmten Fall als konstant anzusehen ist. Damit wird

$$v_1 = c \cdot v = c_1 \cdot \frac{1}{p}.$$

Da für $P \,.\, v = \text{const.}$, wie es hier vorausgesetzt wird, w_1 konstant ist, so ergibt sich

$$Gu = c_2 \cdot \frac{1}{v_1} = c_3 \cdot p$$

d. h. nach Überschreitung des kritischen Druckverhältnisses ist das ausströmende Gasgewicht proportional dem Druck in der Leitung. Nun ist aber

$$G^2 = C^2{}_1 \cdot (p_1{}^2 - p_2{}^2).$$

Daraus folgt, daß G^2 schneller zunimmt wie p_1^2, also auch G schneller wie p_1.

Es ist daher auch für diesen Fall festzustellen, daß bei einer Drucksteigerung das die Leitung durchströmende Gasgewicht schneller zunimmt als die Undichtigkeitsverluste.

Wird an einer Ausflußstelle infolge der Drucksteigerung das kritische Druckverhältnis überschritten, so wird von da ab die Zunahme der ausströmenden Menge weniger schnell erfolgen als bisher, es ergibt sich also auch für diesen Fall eine relative Verminderung der Undichtigkeitsverluste.

Hiermit ist für den Zustand der Strömung in der Leitung, d. h. für den Betriebszustand nachgewiesen, daß die Undichtigkeitsverluste unter sonst gleichen Verhältnissen, insbesondere bei gleichem Enddruck, mit höherem Anfangsdrucke einen immer geringeren Teil der durchströmenden Menge ausmachen, also relativ kleiner werden.

Die höheren Drücke verursachen aber sehr viel größere Undichtigkeitsverluste, sobald keine Strömung im Rohre stattfindet, sondern die Gasmenge ruht, oder der Enddruck der Leitung erhöht wird zur Erzielung einer Behälterwirkung der Leitung oder ähnliches. Die Verluste wachsen mit ziemlich guter Annäherung, wenn es sich nicht um ganz geringe Betriebsdrücke handelt, proportional mit dem Druck in der Leitung, sofern man das von der Gleichung $(p_1^2 - p_2^2) = c. L$ abweichende Nachlassen des letzteren infolge der ausströmenden Gasmenge vernachlässigt.

Auch diese Feststellung weist darauf hin, einmal die Betriebszeit der Leitung möglichst über alle Stunden des Tages auszudehnen, zum andern, den Enddruck in der Leitung möglichst klein zu halten. Beide Forderungen haben sich schon im vorigen Abschnitte aus Gründen der Betriebskostenersparnis ergeben, hier ist es die Rücksicht auf die Undichtigkeitsverluste, die dieselben erneut. Besonders eine nur wenige Stunden umfassende Betriebszeit wird die absoluten Undichtigkeitsverluste stark vermehren, da mit verkürzter Betriebszeit der erforderliche Betriebsdruck wächst und dazu die Zeit, in der in der Leitung keine Strömung herrscht, zunimmt.

IV. Die Unterteilung der Druckerzeugung.

Es ist schon an früherer Stelle darauf hingewiesen worden, daß der rechnungsmäßig sich ergebende günstigste Betriebsdruck vielfach für die praktische Anwendung zu hoch sein wird, so daß man dann zu einer Unterteilung der Druckerzeugung übergehen muß.

Dies hat in der Weise zu geschehen, daß an verschiedenen Stellen der Leitung Unterstationen zu errichten sind, in denen das Gas erneut komprimiert wird.

Es kann hier die Frage entstehen, ob nicht vielleicht die unterteilte Druckerzeugung gegenüber der einmaligen oder zentralen Druckerzeugung überhaupt grundsätzlich wirtschaftliche Vorteile bietet. Dies soll zunächst untersucht werden. Es handle sich um eine in Abb. 14 schematisch dargestellte Leitung von der Länge L,

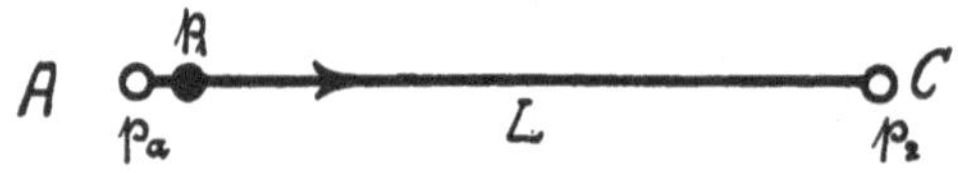

Abb. 14.

die von A nach C führt, betrieben mit einem Anfangsdruck p_1 und einem Enddruck p_2. Statt der einmaligen Druckerzeugung in A sei nun die Anlage einer Unterstation in B angenommen, wie in Abb. 15 dargestellt.

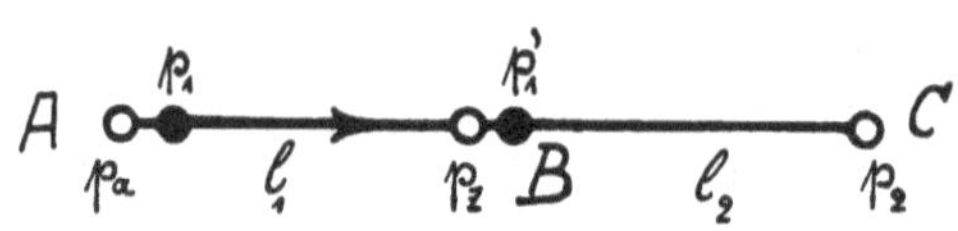

Abb. 15.

Ist p_2 in beiden Fällen gleich, so kann bei der zweiten Anlage mit zweimaliger Kompression der Höchstdruck natürlich geringer sein. Er ist mit p_1' bezeichnet, der Enddruck an der Unterstation ist p_z, hier wird das Gas von neuem auf den Druck p_1' gebracht und fließt dann nach C, wo es mit dem Drucke p_2 anlangt.

Es ist allgemein

$$(p_1^2 - p_2^2) = c \cdot L.$$

Für die gleiche Leitung und das gleiche strömende Volumen ändern sich die in der Proportionalitätskonstanten c enthaltenen Größen nicht, dieselbe behält also auch für jede Teilstrecke denselben Wert c.

Demnach ist bei der unterteilten Druckerzeugung

$$(p_1'^2 - p_z^2) = c \cdot l_1 \text{ und } (p_1'^2 - p_2^2) = c \cdot l_2.$$

Es folgt

$$(p_1'^2 - p_z^2) + (p_1'^2 - p_2^2) = c \cdot (l_1 + l_2) = c \cdot L$$

oder:

$$(p_1'^2 - p_z^2) + (p_1'^2 - p_2^2) = (p_1^2 - p_2^2).$$

Bei der einmaligen Druckerzeugung ist das Gas vom Druck

p_a auf p_1 zu bringen. Die hierzu notwendige Arbeit kann gesetzt werden

$$A_1 = c_1 \cdot ln \frac{p_1}{p_a};$$

Bei der unterteilten Druckerzeugung ist das Gas einmal von p_a auf p_1', zum andern Male von p_s auf p_1' zu komprimieren. Die dazu notwendige Arbeit kann geschrieben werden

$$A_2 = c_1 \cdot \left[ln \frac{p_1'}{p_a} + ln \frac{p_1'}{p_s} \right]$$

Gelingt es zu beweisen, daß

$$ln \frac{p_1'}{p_a} + ln \frac{p_1'}{p_z} > ln \frac{p_1}{p_a}$$

so ist damit dargetan, daß die Unterteilung keinen Vorteil bietet.

Es sei

$$ln \frac{p_1'}{p_a} + ln \frac{p_1'}{p_s} > ln \frac{p_1}{p_a}$$

zunächst als richtig angenommen. Dann ist

$$\frac{p_1'}{p_a} \cdot \frac{p_1'}{p_s} > \frac{p_1}{p_a}; \quad p_1 < \frac{p_1'^2}{p_s};$$

Bedingung ist noch, daß p_1' größer als p_s ist, was ja auch ohne weiteres aus der schematischen Darstellung zu entnehmen ist. Aus der Gleichung

$$(p_1'^2 - p_s^2) + (p_1'^2 - p_2^2) = (p_1^2 - p_2^2)$$

ergibt sich

$$2\, p_1'^2 = p_1^2 + p_s^2$$

und wegen

$$p_1 < \frac{p_1'^2}{p_s}$$

ist

$$2\, p_1'^2 < \frac{p_1'^4}{p_s^2} + p_s^2$$

$$2\, p_1'^2 \cdot p_z^2 - p_s^4 < p_1'^4$$

$$\frac{2\, p_s^2}{p_1'^2} - \frac{p_s^4}{p_1'^4} < 1$$

$$1 \cdot \left(\frac{p_z}{p_1'}\right)^2 - \left(\frac{p_s}{p_1'}\right)^4 < 1 \qquad \left(\frac{p_s}{p_1'}\right)^2 = a$$

$$2 \cdot a - a^2 < 1$$

$$a \cdot (2 - a) < 1 \qquad a < 1$$

$$2 - a < \frac{1}{a} > 1 \cdot$$

Da nach der Bedingung $p_1' > p_z$ der Wert

$$\left(\frac{p_z}{p_1'}\right)^2 = a < 1$$

so wird tatsächlich $2 - a > 1$.

Damit ist gezeigt, daß eine Unterteilung der Druckerzeugung unter sonst gleichen Verhältnissen keinen Vorteil bieten kann. Es fragt sich noch, ob vielleicht bei unterteilter Druckerzeugung eine Änderung des Rohrdurchmessers erfolgen kann, die dem ungünstigen Einfluß der erhöhten Druckarbeit entgegenwirkt, so daß schließlich doch die Gesamtkosten erniedrigt werden können. Auch diese Frage ist zu verneinen, so lange man von den Anlagekosten für die Kompressorenstationen absieht (vergl. auch S. 70). Jede Abweichung von dem errechneten günstigsten Durchmesser, geschehe dieselbe nach oben oder nach unten, hat zur Folge, daß die Summe aus Rohrkosten und Betriebskosten, d. h. also Druckerzeugungskosten größer wird. Da die Rechnung für einmalige Druckerzeugung ausgeführt ist, so wird der Druckkostenanteil in der Summe erst recht größer bei unterteilter Druckerzeugung. So lange es demnach praktisch möglich ist, die erforderliche Druckhöhe gleich am Anfang der Leitung zu erzeugen, ist es wirtschaftlich vorteilhaft dies zu tun.

In vielen Fällen aber ist man gezwungen, die Druckerzeugung zu unterteilen, da die rechnerisch sich ergebenden günstigsten Drücke für die Leitungen viel zu hoch sind und auch aus gastechnischen Gründen allein, wie schon auf S. 59 erwähnt, nicht zulässig sind. Die Frage ist nun, nach welchen Grundsätzen ist zu unterteilen, wenn man unterteilen muß.

Die Beantwortung ergibt sich aus der nachstehenden Überlegung. Es handle sich um eine Leitungsanlage wie in Abb. 16 schematisch dargestellt. Daß am Leitungsende der möglichst niedrige

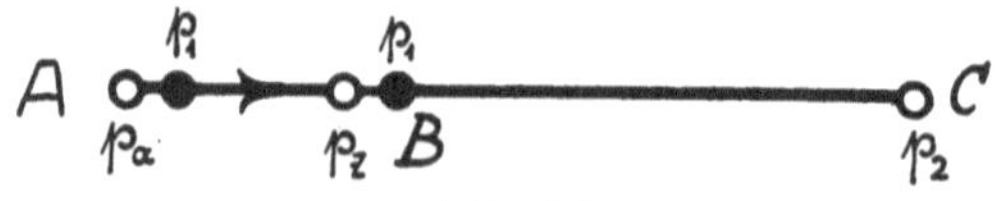

Abb. 16.

Enddruck p_2 herrschen soll, ist nach allem früheren klar. Da die zu überwindende Entfernung proportional ist der Differenz der Quadrate der Anfangs- und Enddrücke, der die Druckerhöhungsarbeit bestimmende Logarithmus des Anfangsdruckes aber nicht einmal proportional diesem wächst, so wird für eine gegebene Entfernung die zu leistende Arbeit um so geringer sein, je größer die Differenz der

Quadrate wird. Dies fordert, daß man mit möglichst hohem Anfangsdruck arbeitet.

Bei der in Abb. 16 dargestellten Leitung ist

$$(p_1^2 - p_z^2) + (p_1^2 - p_2^2) = c \cdot L$$

$$A_1 = c_1 \cdot \left[ln \frac{p_1}{p_a} + ln \frac{p_1}{p_z} \right]$$

Bei der in Abb. 17 gezeichneten Anlage ist die Unterstation weiter gegen das Ende der Leitung hin gerückt. Das Gas wird hier statt mit p_z nur noch mit dem geringeren Drucke p_z' ankommen; da aber das Reststück der Leitung ebensoviel kürzer ist, als das

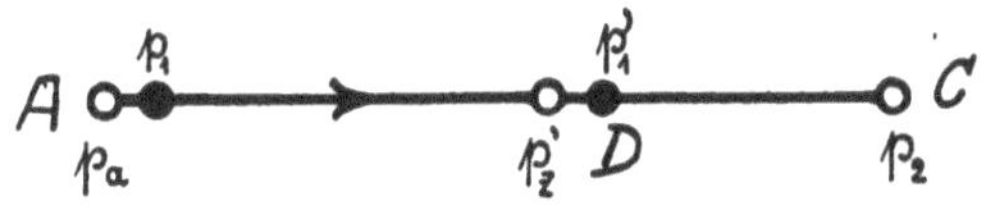

Abb. 17.

erste Stück länger gewählt wurde, so ist hier nicht mehr der Druck p_1 erforderlich, um das Gas von D nach C zu schaffen, sondern nur noch der geringere Druck p_1'.

Für diese Anlage gilt:

$$(p_1^2 - p_z'^2) + (p_1'^2 - p_2^2) = c \cdot L$$

$$A_2 = c \cdot \left[ln \frac{p_1}{p_a} + ln \frac{p_1'}{p_z'} \right]$$

Es ist nun zu beweisen, daß $A_1 < A_2$ ist.

$$p_1^2 - p_z^2 + p_1^2 - p_2^2 = p_1^2 - p_z'^2 + p_1'^2 - p_2^2$$

Für $A_1 < A_2$ ist

$$\frac{p_1}{p_a} \cdot \frac{p_1}{p_z} < \frac{p_1}{p_a} \cdot \frac{p_1'}{p_z'}$$

$$p_1^2 - p_z^2 = p_1'^2 - p_z'^2$$

$$\frac{p_1}{p_z} < \cdot \frac{p_1'}{p_z'} ; p_1 < \frac{p_1' \cdot p_z}{p_z'} ;$$

$$\frac{p_1'^2 \cdot p_z^2}{p_z'^2} - p_z^2 > p_1'^2 - p_z'^2$$

$$p_z^2 \cdot (p_1'^2 - p_z'^2) > p_z'^2 \cdot (p_1'^2 - p_z'^2)$$

dies ist richtig für

$$p_z^2 > p_z'^2.$$

was nach obigem für die untersuchte Anlage vorausgesetzt war.

Die Druckarbeit im Falle der Abb. 17 ist also größer wie bei der Anlage nach Abb. 16. Die Rechnung besagt, daß man möglichst das ganze von p_1 bis zum niedrigst zulässsigen Druck zur Verfügung stehende Gefälle ausnutzen soll. Da p_1' und p_z' ganz beliebige Werte sein können, sofern sie nur kleiner sind als p_1 und p_z, so ist durch die obige Rechnung ganz allgemein dargetan, daß für alle Fälle, in denen man den zulässigen Höchstdruck anwendet, die in Abb. 16 gewählte Art der Druckunterteilung die günstigste ist. Bei mehr wie einmaliger Unterteilung würde man logischerweise so zu verfahren haben, daß man so viele Abschnitte als möglich mit dem Druckabfall $(p_1 - p_2)$ betreibt, die Reststrecke aber, die spätestens unmittelbar vor dem mit $(p_1 - p_2)$ zu betreibenden Endabschnitt anzuordnen ist, mit dem Druckunterschied $(p_1 - p_z)$.

Es ist nun noch der in Abb. 18 dargestellte Betriebsfall denkbar. Dieser ist durch die angestellte Rechnung nicht erfaßt. Es wird, abweichend von Abb. 16, der zulässige Anfangsdruck p_1 nicht in Anwendung gebracht, wenigstens nicht unmittelbar am

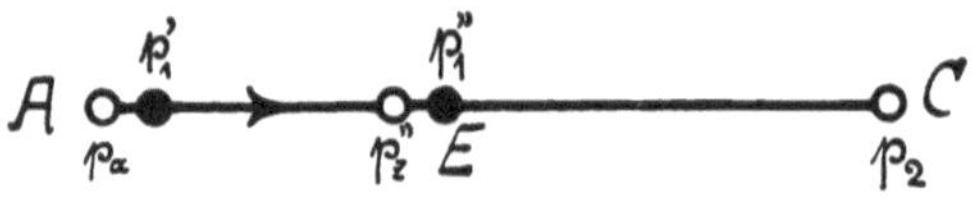

Abb. 18.

Anfange der Leitung. Der Zwischendruck p_1'' mag im Grenzfalle gleich dem zulässigen Höchstdruck p_1 werden. Damit ergibt sich für p_z'' von selbst die Bedingung, daß es unter allen Umständen kleiner bleiben muß als p_z. Da $p_1' < p_1$ sein soll, E C aber im Grenzfalle gleich B C und daher A E = A B sein kann, so muß sein

$$(p_1'^2 - p_z''^2) = (p_1^2 - p_z^2)$$

dies kann aber für $p_1' < p_1$ nur bei $p_z'' < p_z$ zutreffen. Es wird nun für Abb. 16 wie vorher

$$(p_1^2 - p_z^2) + (p_1^2 - p_2^2) = c \cdot L$$

$$A_1 = c_1 \cdot \left[ln \frac{p_1}{p_a} + ln \frac{p_1}{p_z} \right]$$

Für Abb. 18 wird

$$(p_1'^2 - p_z''^2) + (p_1''^2 - p_2^2) = c \cdot L$$

$$A_2 = c_1 \cdot \left[ln \frac{p_1'}{p_a} + ln \frac{p_1''}{p_z''} \right]$$

Daraus folgt

$$p_1^2 - p_z^2 + p_1^2 - p_2^2 = p_1'^2 - p_z''^2 + p_1''^2 - p_2^2$$

und es soll sein

$$\frac{p_1}{p_a}\cdot\frac{p_1}{p_z} < \frac{p_1'}{p_a}\cdot\frac{p_1''}{p_z''}$$

$$p_1^2 < p_1' \cdot p_1'' \cdot \frac{p_z}{p_z''}$$

$$2\,p_1^2 - p_z^2 = p_1'^2 - p_z''^2 + p_1''^2$$

$$p_1'^2 + p_1''^2 - 2\,p_1^2 = p_z''^2 - p_z^2$$

$$p_1'^2 + p_1''^2 - 2\,p_1' p_1'' \cdot \frac{p_z}{p_z''} < (p_z'' + p_z)\cdot(p_z'' - p_z)$$

In diesem Ausdruck ist der Wert der letzten Klammer der rechten Seite negativ, da $p_z'' < p_z$; es wird daher die ganze rechte Seite negativ und infolgedessen auch die linke negativ. Dies letztere aber kann nur sein, wenn das negative Glied größer ist als die positiven. Folglich

$$p_1'^2 + p_1''^2 < 2\,p_1' p_1'' \cdot \frac{p_z}{p_z''}$$

$$1 + \frac{p_1''^2}{p_1'^2} < 2 \cdot \frac{p_1''}{p_1'} \cdot \frac{p_z}{p_z''}$$

$$1 < \frac{p_1''}{p_1'}\left[2 \cdot \frac{p_z}{p_z''} - \frac{p_1''}{p_1'}\right]$$

Die Richtigkeit dieser Ungleichung hat eine Grenze für $\frac{p_1''}{p_1'}$ gleichzeitig mit $\frac{p_z}{p_z''}$ gleich 1; ein Fall, der bedingungsgemäß ausgeschlossen ist, da dann schon der Betriebszustand nach Abb. 16 erreicht ist. p_1', p_1'' und p_z'' sind miteinander verbunden durch die Bedingung,

$$p_1'^2 + p_1''^2 - p_z''^2 = C.$$

p_z'' ist in jedem Falle kleiner als p_1' oder p_1''. Nimmt z. B. p_1'' ab, so nimmt auch p_z'' ab, aber als kleinerer Wert viel schneller, da ja für zunächst unveränderliches p_1' die Differenz $p_1'^2 - p_z''^2$ konstant bleiben muß. Nimmt p_1' ab, so nimmt, diesmal p_1'' unverändert gedacht, gleichfalls p_z'' ab in genau derselben Art wie bei Änderung von p_1''.

Geht man von dem eben erwähnten Grenzfalle

$$1 = \frac{p_1''}{p_1'}\cdot\left[2\cdot\frac{p_z}{p_z''} - \frac{p_1''}{p_1'}\right]$$

aus und setzt für die Abhängigkeit der Änderungen von p_1' und p_1'' einerseits und p_z'' andrerseits zunächst einmal ein Proportionalitätsgesetz voraus, so läßt sich, wenn man die Proportionalitätskonstanten

ε' und ε'' einführt, für die rechte Seite der Grenzgleichung schreiben

$$\frac{p_1''\cdot\varepsilon''}{p_1'\cdot\varepsilon'}\cdot\left[\frac{2\cdot p_z}{p_z''\cdot\varepsilon'\cdot\varepsilon''}-\frac{p_1''\cdot\varepsilon''}{p_1'\cdot\varepsilon'}\right]$$

Beide Proportionalitätsfaktoren können nur kleiner wie 1 sein, da p_1'' seinen höchstzulässigen Grenzwert, p_1' einen bedingungsgemäß bereits unzulässigen Größtwert erreicht hat, wenn die Grenzgleichung erfüllt wird. Der vorstehende Ausdruck läßt sich auch schreiben

$$\frac{1}{\varepsilon'^2}\cdot\frac{p_1''}{p_1'}\cdot\left[2\cdot\frac{p_z}{p_z''}-\frac{p_1''\cdot\varepsilon''^2}{p_1'}\right]$$

Man sieht sofort, daß beide Proportionalitätsfaktoren darauf hinwirken, die rechte Seite der Grenzgleichung größer wie 1 zu machen, da ε' den ganzen Ausdruck vergrößert, ε'' aber das negative Glied kleiner macht. Damit ist selbst schon für die vorausgesetzte proportionale Änderung die Richtigkeit der Ungleichung bewiesen.

Infolge des Bestehens der quadratischen Beziehungen zwischen p_1', p_1'' und p_z' ändert sich aber p_z'' wesentlich schneller als proportional p_1' oder p_1'', so daß der Wert des Quotienten $\frac{p_z}{p_z''}$, der dazu noch den kleineren Zähler hat, erst recht viel schneller wächst.

Durch die vorstehende Rechnung sind für die Unterteilung ganz allgemein folgende Grundsätze als richtig nachgewiesen:

1. Es ist stets vorteilhaft, mit dem höchstzulässigen Druck zu arbeiten.
2. Es soll zwischen zwei Stationen immer das ganze verfügbare Druckgefälle ausgenutzt werden. Am Ende der Leitung soll der Druck möglichst klein sein. Strecken, in denen wegen zu geringer Länge das ganze Gefälle (p_1 — p_2) nicht auszunutzen ist, sind mit dem zulässigen Anfangsdruck p_1 zu betreiben bis zu irgend einem Zwischendruck p_2, der sich aus der Länge des Reststückes von selbst bestimmt. Dies ist vorteilhafter als alle andern Druckverteilungen, deren Extrem sein würde, das Reststück mit einem solchen Anfangsdruck zu betreiben, daß der Enddruck die geringst zulässige Größe annähme.
3. Bei der Festsetzung der Abschnitte für die Druckstationen ist vom Ende der Leitung aus rückwärts zu gehen. Das Reststück gehört mindestens vor den in der Strömungsrichtung letzten mit (p_1 — p_2) betriebenen Abschnitt.

Auf S. 66 ist zum Ausdruck gebracht, daß der aus Gleichung **3)** S. 29 für zentrale Druckerzeugung als wirtschaftlichster errechnete Durchmesser auch für die unterteilte Druckerzeugung der wirtschaftlichste bleibt, so lange man von den Anlangekosten für die Kompressoren absieht. Berücksichtigt man diese, so ist der Fall denkbar, daß durch eine Erweiterung der Leitung die Zahl der Druckstationen und damit die Gesamtkosten herabgesetzt werden können. An einem Beispiel soll gezeigt werden, in welchem Umfange eine solche Beeinflussung zu erwarten ist.

Die Notwendigkeit der Unterteilung tritt im allgemeinen nur bei längeren Leitungen auf. Aus der Abb. 6 geht hervor, daß schon bei 3 000 000 m^3/Jahr eine Länge von 30 km mit einmaliger Druckerzeugung zu bewältigen wäre. Bei 50 km steigt der für einmalige Druckerzeugung notwendige Druck auf 36,5 atm. Derselbe ist zu hoch und es soll unterteilt werden. Als Maximaldruck sei 11 atm. festgelegt. Damit ergeben sich angenähert $\frac{36{,}5^2}{11^2} = 11$ Unterstationen zu je etwa 50 PS. Die Anlagekosten jeder Station können zu etwa 450 M./PS. angesetzt werden, so daß die Gesamtanlagekosten für die Kompressoren sich auf 250 000 M. belaufen würden. Wenn man statt des Rohres von 0,040 m, welches sich für die obigen Verhältnisse ergibt, ein solches von 0,070 wählte, so könnte man den dann erforderlichen Druck von etwa 8,5 atm. bei einmaliger Kompression erzeugen. Dabei würde ein Mehraufwand für Rohrleitung und Betriebskosten von 2200 M./Jahr entstehen gegenüber dem Rohre von 0,040 m. Dabei ist nicht berücksichtigt, daß bei elfmal unterteilter Druckerzeugung die Kosten derselben viel höher werden als sie für einmalige Druckerzeugung sich rechnerisch ergeben haben. Gegenüber den Mehrkosten von 2200 M. ist statt 11 Druckstationen nur eine erforderlich, so daß eine Ersparnis an Anlagekapital von etwa 225 000 M. möglich wäre. Wenn man auch schon rein aus Gründen der Einfachheit und Betriebsicherheit der zweiten Anlage den Vorzug geben würde, so ist außerdem nach Abzug der 44 000 M. Kapitalwert darstellenden Mehrkosten von 2200 M. noch ungefähr 180 000 M. erspart, was einer jährlichen Minderausgabe, lediglich zu 5 % Zinskosten gerechnet, von 9000 M. entsprechen würde. Eine dahingehende Nachrechnung ist also in jedem einzelnen Falle noch erforderlich.

Es ist hier schließlich noch auf die Fälle hinzuweisen, wo die Unterteilung der Druckerzeugung vorteilhaft sein kann, auch ohne daß man mit Rücksicht auf die Sicherheit der Leitung dazu gezwungen ist. Die bisherigen Rechnungen sind alle angestellt für den Fall, daß das ganze im Anfang in die Leitung geschickte Volumen bis zum Ende fortzuleiten ist. Die Verhältnisse werden sofort anders, wenn ein größerer Teil des Gases unterwegs entnommen wird. Das Schema einer solchen Anlage einfachster Art ist in den Abb. 19 a und b dargestellt. Hier ist die Unterteilung vorteilhaft, wenn

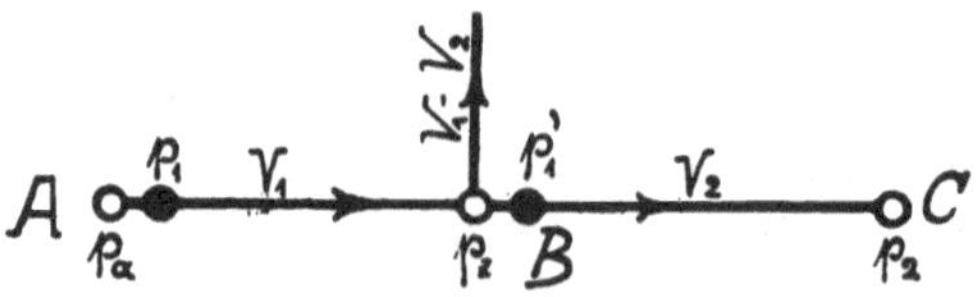

Abb. 19a.

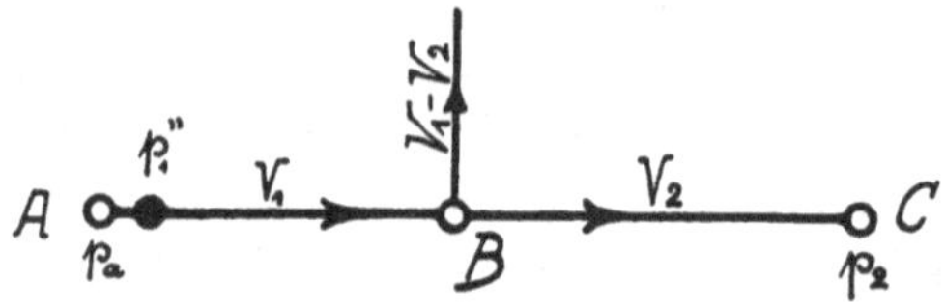

Abb. 19b.

$$V_1 \cdot ln \frac{p_1}{p_a} + V_2 \cdot ln \frac{p_1'}{p_2} < V_1 \cdot ln \frac{p_1''}{p_a}$$

Die Nachrechnung kann natürlich nur für einen bestimmten Fall angestellt werden. Sie wird aber bei praktischen Ausführungen fast immer notwendig werden, da in unseren dichtbevölkerten Gebieten nur selten der für die mehr grundsätzlichen Betrachtungen angenommene Fall der Leitung ohne Zwischenentnahme vorkommen wird.

Auch für den Fall der Leitung mit wachsender Fördermenge kann unter Umständen die Unterteilung der Druckerzeugung wirtschaftlich vorteilhaft sein, wenn es z. B. gelingt, dadurch die größte verlangte Fördermenge ohne Überschreitung des Höchstdruckes durch eine enge Leitung zu liefern. Die Ersparnisse, welche dadurch zu erzielen sind, daß die Leitung den mittleren Verhältnissen besser angepaßt werden kann und nicht nach einer in der ganzen Vertragsdauer nur zwei- oder dreimal vorkommenden außergewöhnlichen Betriebsanforderung bemessen sein muß, sind vielleicht bedeutender als die durch die zweite Druckanlage entstehenden Mehrkosten. Kommt noch der vorerwähnte Fall der Abzweigung hinzu, so wird erst recht ein Gewinn zu erzielen sein. Auch hier kann nur die Nachrechnung bestimmter Fälle über die dabei zu berücksichtigenden Verhältnisse Klarheit verschaffen.

V. Die Behälterwirkung der Leitung.

Die bisherigen Untersuchungen bezogen sich alle auf Anlagen mit einem so großen Behälterraum am Verbrauchsorte, daß die Tagesschwankungen damit ausgeglichen werden können. Dieser Zustand ist für die heute anzulegenden Gasfernleitungen wohl zutreffend, da Behälter in ausreichender Größe bei den städtischen Gaswerken vorhanden sind. Es ist aber zu erwarten, daß die Behälter in einiger Zeit bei dem wachsenden Verbrauch zur Ausgleichung des Tagesbedarfs nicht mehr ausreichen. Auch werden durch die Fernversorgung vielleicht dem Gasabsatz Orte erschlossen, die bisher an die Erbauung eigener Gasanstalten nicht denken konnten und wo infolgedessen ein Behälter nicht vorhanden ist. Es fragt sich, ob die Erbauung des Behälters eine unumgängliche Notwendigkeit ist oder ob nicht durch andere Maßnahmen diese für kleinere Gemeinden recht beträchtlichen Ausgaben vermieden werden können.

Daran, daß die Druckstation den Bedarfsschwankungen sich anpaßt, ist nicht zu denken. Bei einer längeren Leitung braucht das Gas doch immerhin einige Zeit, ehe es dieselbe durchflossen hat. Tritt an der Entnahmestelle unerwartet ein größerer Verbrauch ein, so kann die Leitung nicht sofort folgen und es wird zunächst einen Druckabfall am Entnahmeort geben. Dies darf natürlich unter keinen

Aufspeicherung von Gas in der Leitung bei erhöhtem Enddruck p_2.

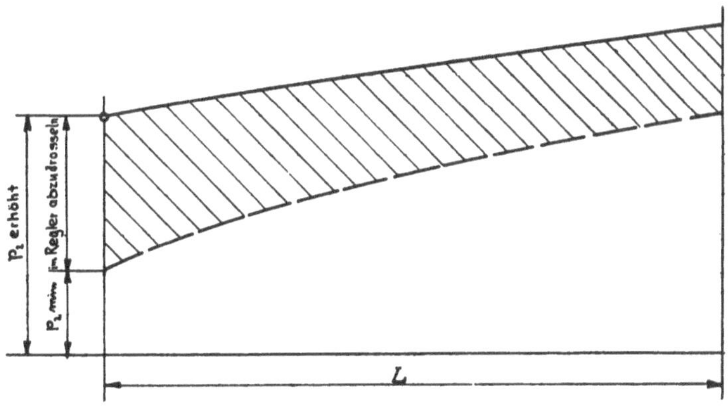

Abb. 20.

Umständen eintreten, wenn der Enddruck einer Leitung, wie bisher angenommen worden ist, so bemessen ist, daß er gerade zur Überwindung der Widerstände der Regel -und Meßeinrichtungen und zur

Erhaltung des notwendigen Druckes für die Verteilung im Ortsnetz ausreicht. Anders aber ist es, wenn der Enddruck der Leitung größer wie unbedingt notwendig ist. Dann schadet der Druckabfall nichts, so lange nur der oben festgelegte Minimalwert des Enddrucks nicht unterschritten wird.

Erhöht man in einer Leitung den Enddruck über das notwendige Maß, so macht man damit die Leitung gewissermaßen selbst zum Behälter. Dies erhellt deutlich aus der Abb. 20. Hier gibt die gestrichelte Linie den Druckverlauf in der Leitung, wenn sie mit geringstem Enddruck betrieben wird, während die stark ausgezogene Linie den Druckverlauf bei erhöhtem Enddruck darstellt. Die zwischen beiden liegende gestrichelte Fläche gibt ein Maß für die über den derzeitigen Bedarf hinaus in der Leitung aufgespeicherte Gasmenge. Der Unterschied zwischen dem kleineren und dem höheren Enddruck wird im Hochdruckregler abgedrosselt. Es muß nun die Anforderung gestellt werden, daß diese Menge groß genug ist, um einen möglichst gleichmäßigen Betrieb der Druckstation zu gewährleisten und ferner, daß der Gasvorrat genügend nahe an der Entnahmestelle sich befindet, um bei plötzlich auftretenden Steigerungen des Bedarfs unmittelbar zur Verfügung zu stehen.

Der in Deutschland für Gasanstalten übliche und zur ungestörten Durchführung des Betriebes notwendige Behälterraum schwankt zwischen 100 vH. der größten Tagesabgabe bei kleinen und midestens 50 vH. derselben bei größeren Werken. Für den Zweck dieser Rechnung, welche den Vergleich einer Fernleitung mit Behälter und einer ohne solchen zum Ziele hat, will ich die von den Fernversorgungsunternehmungen vorgeschriebene Behältergröße von 60 vH. der größten Tagesabgabe zugrunde legen. Für den Vergleich ist es belanglos, ob mit diesem Behälterraum wirklich alle Schwankungen auch an den ungünstigsten Tagen ausgeglichen werden können, die Betriebsbedingungen für beide Anlagen sind gleich, wenn in der Leitung ohne Behälter bei einer dem Tagesdurchschnitt entsprechenden eingepumpten Menge noch die geforderten 60 vH. so aufzuspeichern sind, daß ein beträchtlicher Teil derselben am Ende der Leitung unmittelbar vor dem Hochdruckregler liegt.

Betrachtet man eine Leitung, innerhalb deren der Druckverlauf des strömenden Gases dem Gesetz gehorcht

$$p_1^2 - p_2^2 = c \cdot L$$

so ist der Inhalt derselben nach folgendem zu ermitteln. Der Druck in der Entfernung l vom Endpunkte der Leitung ist gegeben durch $p^2 - p_2^2 = c \cdot l$ und beträgt $p = \sqrt{c \cdot l + p_2^2}$

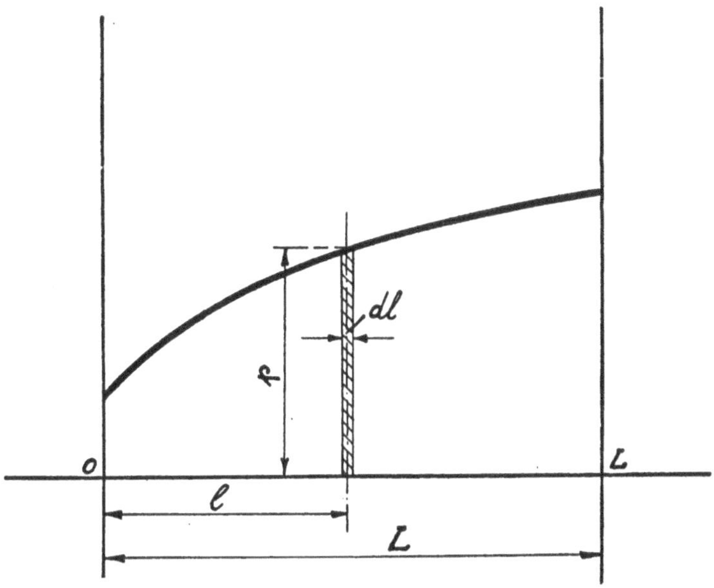

Abb. 21.

Die in einem Stückchen dl an dieser Stelle enthaltene Gasmenge wird sein

$$dJ = \frac{\pi \cdot D^2}{4} \cdot dl$$

oder auf den Meßdruck p_0 bezogen

$$dJ_0 = \frac{\pi \cdot D^2}{4} \cdot dl \cdot \frac{p}{p_0}$$

Die ganze in der Leitung enthaltene Menge wird demnach sein

$$\int_0^L dJ_0 = \frac{\pi \cdot D^2}{4} \cdot \frac{1}{p_0} \cdot \int_0^L \sqrt{c \cdot l + p_2^2} \cdot dl$$

Dies gibt

$$J_0 = \frac{\pi \cdot D^2}{4} \cdot \frac{1}{p_0} \cdot \frac{2}{3c} \cdot \left[\left(p_2^2 + c \cdot L\right)^{3/2} - \left(p_2^2\right)^{3/2}\right]$$

$$J_0 = \frac{\pi \cdot D^2}{4} \cdot \frac{1}{p_0} \cdot \frac{2}{3c} \left[\left(p_2^2 + c \cdot L\right)^{3/2} - p_2^3\right]$$

Es ist aber $c \cdot L = p_1^2 - p_2^2$ und hieraus

$$c = \frac{p_1^2 - p_2^2}{L}$$

damit wird

$$J_0 = \frac{\pi \cdot D^2}{6} \cdot \frac{L}{p_0 (p_1^2 - p_2^2)} \cdot [p_1^3 - p_2^3]$$

$$J_0 = \frac{\pi \cdot D^2}{6} \cdot \frac{L}{p_0} \cdot \left[p_1 + p_2 - \frac{p_1 \cdot p_2}{p_1 + p_2}\right];$$

Die aufgespeicherte Menge ergibt sich als die Differenz der für die beiden verschiedenen Betriebszustände ermittelten Werte von J_0. Will man sich vergewissern, wieviel von der insgesamt aufgespeicherten Menge sich in einem bestimmten Stück der Leitung zunächst dem ausströmenden Ende befindet, so ist die Integration nur bis zu dieser Stelle durchzuführen.

Um sich über das Wesen der Aufspeicherung klar zu werden, sei auf folgendes hingewiesen. Nimmt man einen Tag mit sehr großer Gasabgabe, z. B. einen Dezembertag, so werden die Spitzen der Belastungskurve auf die Beleuchtung zurückzuführen sein. Nimmt man das Verhältnis des Verbrauchs an Koch- und Heizgas zum Leuchtgasverbrauch zu 30 vH. an, so wird, wenn man noch außerdem $^1/_{10}$ aller Flammen als den ganzen Tag brennend annimmt, in den Tagesstunden nur etwa 37 vH. des für die Stunde sich ergebenden Durchschnitts verbraucht. Bei einem solchen Verbrauche muß es möglich sein, den erforderlichen Vorrat in der Leitung unterzubringen. Dabei soll die von der Druckstation zu erzeugende Pressung sich mit Rücksicht auf die Betriebskosten nicht allzusehr über die der Durchschnittsmenge entsprechende erheben, keinesfalls darf der für die Leitung zulässige Höchstdruck überschritten werden. Nachstehend sollen die ganzen in Betracht kommenden Rechnungen an einem Beispiel durchgeführt werden.

Eine Leitung von 20 km Länge führe jährlich 3 000 000 m³ nach einem Orte. Der aus Gleichung **3)** S. 29 gefundene wirtschaftlichste Rohrdurchmesser beträgt 0,090 m. Der erforderliche Behälterraum von 60 vH. der größten Tagesabgabe, die zu $^1/_{200}$ des Jahresverbrauchs angenommen ist, ergibt sich zu 0,6 . 0,005 . 3 000 000 = 9000 m³. Die Anlagekosten für einen solchen Behälter betragen, wenn man für Behälter dieser Größe einen Durchschnittspreis von etwa 30,00 M./m³ Fassungsraum annimmt, 275 000 M. Wenn das mittlere Volumen von 0,095 m³/sec. befördert wird, so ist $p_1 = 2,84$, $p_2 = 1,05$ kg/cm². Für 37 vH. dieser Menge wird

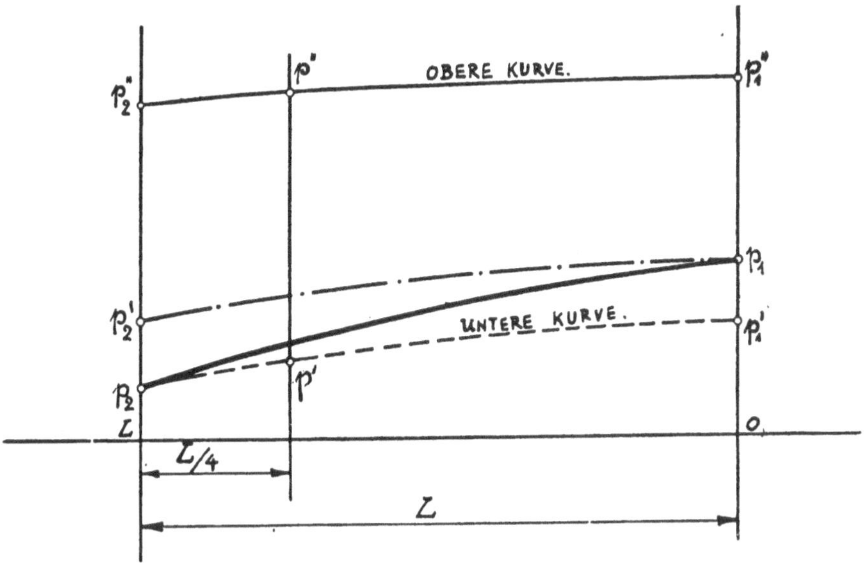

Abb. 22.

$$(p_1'^2 - p_2^2) = 0{,}37^2 \cdot (p_1^2 - p_2^2) = 0{,}37^2 \cdot 7{,}0 = 0{,}96$$

$$p_1'^2 = 2{,}06\,;\ p_1' = 1{,}44 \text{ kg/cm}^2;$$

Wird bei 0,37 vH. des mittleren Volumens die Leitung ebenfalls mit dem Anfangsdruck p_1 betrieben, so berechnet sich der dann eintretende Enddruck p_2' wie nachstehend

$$(p_1'^2 - p_2^2) = (p_1^2 - p_2'^2) \doteq 0{,}96$$

$$p_1^2 = 8{,}10\,;\quad p_2'^2 = 7{,}14$$

$$p_1 = 2{,}84 \quad p_2' = 2{,}67$$

Das zwischen diesen beiden Zuständen in der Leitung enthaltene Volumen ist dann

$$J_0 = \frac{\pi \cdot D^2}{6} \cdot \frac{L}{p_0} \cdot \left[\left(p_1 + p_2' - \frac{p_1 \cdot p_2'}{p_1 + p_2'}\right) - \left(p_1' + p_2 - \frac{p_1' \cdot p_2}{p_1' + p_2}\right)\right]$$

$$= 0{,}065 \cdot 20\,0000 \,.\, \left[\left(5{,}51 - \frac{7{,}85}{5{,}51}\right) - \left(2{,}54 - \frac{1{,}51}{2{,}54}\right)\right]$$

$$= 0{,}065 \cdot 20\,000 \cdot (4{,}10 - 1{,}96)$$

$$J_0 = 2780 \text{ m}^3.$$

Dies ist nur etwa ein Drittel der verlangten Menge. Ihre Steigerung ist möglich durch Vergrößerung des Durchmessers sowohl als durch Steigerung des Druckes. Wird der Durchmesser vergrößert, so würde damit eine Verminderung des für eine bestimmte

Fördermenge erforderlichen Leitungsdruckes eintreten. Da aber bei der Aufspeicherung die Geschwindigkeiten im Rohre schon sehr gering werden, so soll dem diesen kleinen Geschwindigkeiten entsprechenden Wachsen des Reibungskoeffizienten für diese mehr überschlägigen Ermittlungen dadurch in einfachster Weise Rechnung getragen werden, daß die Verringerung des Leitungsdruckes nicht berücksichtigt wird, sondern die beiden Einflüsse als sich gegenseitig aufhebend betrachtet werden. Für eine genauere Rechnung ist dieses Vorgehen besonders bei größerer Verschiedenheit der beiden Durchmesser jedoch nicht zulässig. Wird der Durchmesser auf 0,125 m erhöht, so vergrößert sich die bei den angenommenen Verhältnissen in der Leitung unterzubringende Gasmenge auf 5400 m³. Würde man eine weitere Vermehrung der Menge durch Erhöhung des Anfangsdruckes herbeiführen, so müßte man dazu ungefähr bis auf 4,25 kg/cm² heraufgehen. Dann wird der Vorratsinhalt der Leitung etwa 10 000 m³ und erreicht damit den verlangten Betrag reichlich. Es bleibt jetzt noch nachzuprüfen, wieviel von dem Gasvorrat etwa in dem letzten Viertel der Leitung enthalten ist. Für 0,37 vH. des Stundendurchschnitts sind die Anfangs- bezw. Enddrücke

1. $p_1' = 1,44 \quad p_2 = 1,05$ [untere Kurve]
2. $p_1'' = 4,21 \quad p_2'' = 4,13$ [obere Kurve].

(vergl. Abb. 22)

In der Entfernung $\frac{L}{4}$ vom Ende der Leitung ist

$$p'^2 - 1,05^2 = {}^1/_4 \cdot (p_1'^2 - p_2^2) = {}^1/_4 \cdot 0,96$$
$$p''^2 - 4,13^2 = {}^1/_4 \cdot (p_1''^2 - p_2''^2) = {}^1/_4 \cdot 0,96$$
$$p' = 1,17 \quad p'' = 4,16.$$

Damit findet man das Gasvolumen J_0' im letzten Viertel der Leitung.

$$J_0 = \pi \cdot \frac{0,125^2}{4} \cdot 5000 \cdot \left[\left(4,16 + 4,13 - \frac{4,16 \cdot 4,13}{4,16 + 4,13}\right) - \left(1,17 + 1,05 - \frac{1,17 \cdot 1,05}{1,17 + 1,05}\right)\right]$$

$$J_0' = 610 \left[\left(8,29 - \frac{17,2}{8,29}\right) - \left(2,22 - \frac{1,23}{2,22}\right)\right] = 610 \cdot 4,54$$

$$J_0' = \sim 2750 \text{ m}^3.$$

Dieser bedeutende Teil des Gesamtvorrates muß für unmittelbare Reserve als ausreichend bezeichnet werden.

Die Mehrkosten, die durch die Benutzung der Leitung als Behälter entstehen, sind gegenüber dem günstigsten Betriebszustand bei 0,090 m Rohrdurchmesser und 2,84 kg/cm² Anfangsdruck folgende:

Erhöhung der jährlichen Rohrkosten . .	5 600 M.
Erhöhung der jährlichen Betriebskosten .	2 600 „
Insgesamt entstehende Mehrkosten . . .	8 200 M.

Demgegenüber steht eine Ersparnis an Anlagekapital von 275 000 M., welches eine jährliche Ausgabe von etwa 8 vH. gleich 22 000 M. verursachen würde. Die mögliche jährliche Ersparnis beträgt also etwa 14 000 M.

Die Gesamtjahreskosten für die Anlage mit Behälter würden sich zusammensetzen:

1.	Rohrkosten	14 600 M.
2.	Betriebskosten	6 600 „
3.	Behälter (8 vH. von 275 000 M.) . .	22 000 „
		43 200 M.

Für die Anlage ohne Behälter betragen die Kosten

1.	Rohrkosten	20 200 M.
2.	Betriebskosten	9 200 „
		29 400 M.

Die errechnete jährliche Ersparnis beträgt also rund 32 vH. der bei Anlage eines Behälters notwendigen jährlichen Ausgaben.

Dieses Ergebnis zeigt, wie wichtig diese Frage für die Versorgung von Ortschaften ist, die noch keine Behälter besitzen. So weit Behälter vorhanden sind, wird man sie gerne benutzen. Ob aber die heute geforderte Größe derselben, die hauptsächlich für den Ausgleich der nicht schnell dem Verbrauch anzupassenden Erzeugung bemessen ist, für Fernversorgungsanlagen ebenfalls notwendig ist, bleibt noch zu entscheiden. Rein äußerlich betrachtet erscheint die Aufspeicherung von Gas unter dem höheren Leitungsdrucke wirtschaftlicher als bei einem Drucke von 150 bis 160 m/m W. S., wie er in großen Gasbehältern herrscht. Die umfangreichen und für hohen Druck geeigneten Rohrleitungen scheinen nicht nur einen naheliegenden, sondern auch einen billigen Ersatz für die heutigen Behälter zu bieten. Es darf aber nicht übersehen werden, daß man damit der Leitung zwei Zwecke gibt. Bei der Anlage gesonderter Behälter hat man für den Fall einer Störung an der Leitung noch den Behälter, um wenigstens für kurze Zeit aus diesem den Bedarf zu decken. Bei der Vereinigung von Leitung und Behälter begibt man sich unter Umständen dieser Möglichkeit. Ob die Betriebssicherheit der Fernleitung so groß ist, daß dieselbe beiden Anforderungen als Leitung und als Behälter gerecht wird, wird man feststellen können in der Zeit, wo der Betrieb mit den vorhandenen Behältern geführt wird. Für die Versorgung von Orten, denen erst jetzt durch die Fernleitung der Gasbezug ermöglicht wird, verdient diese Frage aber schon heute eine ernste Prüfung.

Es darf nicht unterlassen werden, darauf hinzuweisen, daß durch die Benutzung der Leitung als Behälter die Undichtigkeitsverluste vergrößert werden. Dieser Umstand, der in dem gerechneten Beispiel nicht berücksichtigt worden ist, kann das Resultat sehr beeinflussen. Näheres hierzu ist in Abschnitt III, S. 63, bereits gesagt.

VI. Ueber Maschinenanlagen und Betrieb der Druckstationen.

Die besonderen Betriebsverhältnisse der Gasfernleitungen äußern ihren Einfluß auf die maschinellen Einrichtungen und den Betrieb der Druckstationen in sehr fühlbarer Weise. Von der ganzen Anlage muß man vor allem höchste Betriebssicherheit verlangen, da die Gasversorgung Unterbrechungen nicht erleiden darf. Es wird daher ganz besonderes Augenmerk auf eine ausreichende und betriebsbereite Reserve zu richten sein. Auf S. 31 wurde darauf hingewiesen, daß mit Rücksicht auf den Arbeitsbedarf die Durchführung vierundzwanzigstündiger Betriebszeit zu empfehlen sei. Diese Anforderung im Verein mit dem Fehlen irgendwelcher Ruhetage ist bei der Bemessung der Reserven zu berücksichtigen. In diesen Verhältnissen ähneln die Anlagen durchaus den elektrischen Zentralen. Es kann daher davon Abstand genommen werden, über diesen Punkt sich eingehender zu verbreiten, da die Mittel zur Gewährleistung eines sicheren Betriebes in beiden Fällen nach Art und Umfang ganz ähnliche sein werden.

Interessanter sind die speziell der Gasfernversorgung eigentümlichen Betriebsverhältnisse. Für die Bemessung der Kompressoren ist die größte Tagesmenge zugrunde zu legen. Nimmt man dieselbe wie auch früher zu $^1/_{200}$ der Jahresmenge an, so ist die Anlage etwa 1,82 mal größer zu bauen, als der durchschnittlichen Fördermenge entspricht. Im einzelnen ergeben sich für die verschiedenen Monate nach der Tabelle der Jahresschwankungen S. 20 folgende Fördermengen für die Kompressorenanlage, ausgedrückt in vH. ihrer größten Ansaugeleistung:

Januar	69,2	Mai	39,5	September	53,1
Februar	57,6	Juni	38,0	Oktober	64,9
März	54,1	Juli	38,6	November	78,0
April	42,9	August	43,2	Dezember	80,8

Aus dieser Tabelle ergibt sich eine Durchschnittsbelastung von 55 vH. der möglichen Ansaugeleistung. Dieser Wert gibt einen Maßstab für den Ausnutzungsfaktor der Kompressoranlage, deren Größenabmessungen und damit auch deren Kosten wenigstens bei Kolbenkompressoren in allererster Linie durch die geforderte Ansaugeleistung bestimmt werden. Es wird sich daher empfehlen, für die Kolbenkompressoren solche Bauarten zu wählen, bei denen recht hohe Umdrehungszahlen zulässig sind. Dann kann man den nur selten auftretenden außergewöhnlichen Beanspruchungen durch starke Erhöhung der Umdrehzahl folgen, während man im übrigen eine den durchschnittlichen Mengen besser angepaßte Maschine mit kleineren Abmessungen und zu geringerem Preise verwenden kann.

Für die rotierenden Kompressoren sind die Betriebsverhältnisse sehr ungünstig. Es handelt sich zunächst um verhältnismäßig geringe Fördermengen; eine Anlage von 30 000 000 m^3/Jahr hat bei 24 stündigem Betrieb im Durchschnitt nur eine stündliche Fördermenge von 3420 m^3. Es kommt hinzu, daß mit geringerer Jahresmenge die Betriebsdrücke steigen, so daß höhere Drücke gerade bei kleineren Fördermengen in Frage kommen. Für diese Verhältnisse scheidet der rotierende Kompressor aber schon wegen der Anlagekosten aus. Bei größeren Fördermengen, z. B. 50 Mill. m^3/Jahr, d. i. einer durchschnittlichen Stundenmenge von 5750 m^3, und nicht zu hohem Druck käme die rotierende Maschine schon eher in Frage. Schwierig bleibt aber die Regulierung der Fördermenge innerhalb der notwendigen weiten Grenzen. Es ist wohl möglich, mit Hilfe der Vereinigung von Touren- und Drosselregulierung jede gewünschte Fördermenge bei jedem beliebigen Enddruck zu liefern. Nur wird der Wirkungsgrad der Maschine sehr schlecht werden für alle Betriebsverhältnisse, die sich nennenswert von denen unterscheiden, für die die Maschine gebaut ist. Hydraulisch günstig, d. h. stoßfrei arbeitet die Maschine nur für konstanten Wert des Verhältnisses $\frac{Q}{\sqrt{H}}$. Aus der Gleichung für den Widerstand der Rohrleitung folgt aber $\frac{Q}{\sqrt{p_1^2 - p_2^2}}$ = const. oder bei Vernachlässigung des Wertes p_2 : $\frac{Q}{p_1}$ = const. Da diese Bedingung eingehalten werden muß, so ist die Forderung stoßfreien Betriebes nicht zu erfüllen, die Maschine müßte also die allergrößte Zeit unter ungünstigen Verhältnissen arbeiten, was in einer Erhöhung der Betriebskosten zum Ausdruck kommen wird. Man wird daher für geringere Mengen und höhere Drücke wohl der Kolbenmaschine den Vorzug geben müssen.

Anders ist die Sache bei großen Fördermengen und geringem

Betriebsdruck. Hier sind einmal die den verschiedenen Fördermengen entsprechenden Änderungen des Anfangsdruckes nur gering, zum andern sind die Betriebskosten überhaupt gering gegen die übrigen Kosten, so daß es auch auf einen besonders hohen Wirkungsgrad nicht so sehr ankommt. Hier sind mit Rücksicht auf die Anlagekosten die rotierenden Gebläse die allein in Betracht kommenden.

Bei Kolbenkompressoranlagen erfordern die Schwankungen der Fördermenge noch besondere Maßnahmen, wenn die Drücke so hoch sind, daß in mehreren Stufen komprimiert wird. Nimmt man einmal die Zahl der Stufen zu zwei an, und mehr wird ja bei den heute für die Leitungen zulässigen Drücken nicht in Frage kommen, so sind dieselben zur Erzielung gleicher Arbeitsverteilung auf beide Stufen so bestimmt, daß der Zwischendruck $p_z = \sqrt{p_1 \cdot p_a}$ ist. Daraus folgt unter der Voraussetzung gleicher Eintrittstemperatur des Gases in der ersten und in der zweiten Stufe, daß die Hubvolumina sich verhalten wie $(\sqrt{p_1 \cdot p_a}) : p_a$ Der Wert dieses Verhältnisses ändert sich mit dem Enddruck der zweiten Stufe. Will man daher den Grundsatz der gleichen Arbeitsverteilung gewahrt wissen, so müßte man dementsprechend das Volumverhältnis ändern. Dies ist sehr einfach mög-

Zahlentafel 10.

Änderungen der Arbeitsverteilung auf die beiden Stufen bei schwankender Fördermenge und gleichbleibendem Volumenverhältnis der beiden Stufen.

Monat	Fördermenge in v. H. der mittleren Fördermenge m³/sec	Kompressionsenddruck bezw. Anfangsdruck der Leitung kg/cm²	Druckverhältnis in der zweiten Stufe	Arbeit der zweiten Stufe in v. H. der Arbeit der ersten Stufe	Arbeit der zweiten Stufe in v. H. der der mittleren Fördermenge entsprechenden Arbeit d. Stufe
	V_m	8,00	2,84	100 v. H.	100,0 v. H.
Januar . .	126,0	10,00	3,52	121 v. H.	153,0 v. H.
Februar . .	105,0	8,40	2,98	105 v. H.	110,0 v. H.
März . . .	98,4	7,90	2,78	98 v. H.	96,5 v. H.
April . . .	78,0	6,30	2,22	76 v. H.	59,3 v. H.
Mai . . .	71,0	5,70	2,01	67 v. H.	47,6 v. H.
Juni . . .	69,0	5,60	1,97	65 v. H.	44,8 v. H.
Juli	70,2	5,70	2,01	67 v. H.	47,0 v. H.
August . .	78,5	6,30	2,22	76 v. H.	59,6 v. H.
September .	96,5	7,70	2,71	96 v. H.	92,5 v. H.
Oktober . .	118,0	9,40	3,31	115 v. H.	136,0 v, H.
November .	142,0	11,30	3,98	124 v. H.	176,0 v. H.
Dezember .	147,0	11,70	4,12	136 v. H.	200,0 v. H.
	182,0*	14,40	5,07	156 v. H.	284,0 v. H.

*) Entspr. $^1/_{200}$ der Jahresmenge.

lich dadurch, daß man beide Stufen voneinander unabhängig macht und sie in ihren Tourenzahlen so regelt, daß das Verhältnis der von jeder Maschine in der Zeiteinheit freigegebenen Zylindervolumina den gewünschten Wert hat. In der Zahlentafel 10 sind die Änderungen der Arbeitsverteilung bei schwankender Fördermenge und gleichbleibendem Volumverhältnis angegeben. Das konstante Volumverhältnis entspricht der Durchschnittsfördermenge und dem zugehörigen Enddruck, der zu 8 kg/cm² angenommen worden ist. Aus der Zahlentafel ist zu ersehen, daß das Druckverhältnis der zweiten Stufe bis zu 4,1 und gar 5,07 bei der größten Tagesmenge ansteigt. Dies bedingt eine erhebliche Verschlechterung des Wirkungsgrades, abgesehen von der ungünstigen Beanspruchung der Maschine bei der ungleichen Verteilung der Arbeiten. Die zweite Stufe hat bei der größten Tagesmenge ungefähr die siebenfache Arbeit zu verrichten wie bei der geringsten Monatsmenge. In der Zahlentafel 11 sind die erforderlichen Änderungen der Tourenzahl angegeben, wenn stets das günstigste Verhältnis der Unterteilung $\frac{p_z}{p_a} = \frac{p_1}{p_z}$ erreicht werden soll. Für das nach der mittleren Fördermenge berechnete Volum-

Zahlentafel 11.

Erforderliche Änderungen der Umlaufzahl zur Herbeiführung gleicher Arbeitsverteilung auf beide Stufen.

(Höchstwert der Umlaufzahl $n = 150$ bei $V = 1{,}82\ V_m$).

Monat	Fördermenge in v. H. der mittleren Fördermenge	Anfangsdruck der Leitung p_1	Zwischendruck $p_z = \sqrt{p_1 \cdot p_a}$	Umlaufzahl des Niederdruckteiles	Umlaufzahl des Hochdruckteiles bei einem Volumenverhältnis $V_N/V_H = 2{,}84$	Umlaufzahl des Hochdruckteiles bei einem Volumenverhältnis $V_N/V_H = 3{,}80$
	V_m	8,00	2,84	83	83	111
Januar . .	126,0	10,00	3,16	104	94	125
Februar . .	105,0	8,40	2,86	87	86	115
März . . .	98,4	7,90	2,81	81	82	109
April . . .	78,0	6,30	2,51	64	73	98
Mai . . .	71,0	5,70	2,48	59	68	91
Juni . . .	69,0	5.60	2,46	57	66	88
Juli . . .	70,2	5,70	2,48	58	66	88
August . .	78,5	6.30	2,51	65	74	99
September .	96,5	7,70	2,78	80	82	110
Oktober . .	118 0	9,40	3,06	97	90	120
November .	142,0	11,30	3,33	117	101	135
Dezember .	147,0	11 70	3,42	121	101	135
	182,0 *)	14,40	3,80	150	113	150

*) 1/200 der Jahressumme.

verhältnis von 1 : 2,84 zeigt sich, daß für die $^1/_{200}$ der Jahresmenge entsprechende Fördermenge der Hochdruckteil etwa ein Viertel Umdrehungen weniger machen muß als der Niederdruckteil. Um aber eine gleich vorteilhafte Ausnutzung der Maschinen entsprechend gleichen Höchstwerten der Umlaufzahl zu erhalten, ist es vorteilhaft, das Unterteilungsverhältnis nach dem der größten Fördermenge entsprechenden Druck zu bemessen, da dann beide Maschinen mit größten Umlaufzahlen arbeiten und am kleinsten ausfallen. Es würden sich die in der letzten Spalte der Zahlentafel 11 angegebenen Werte der Umlaufzahl ergeben, wenn das Volumverhältnis nach dem Höchstwert des Druckverhältnisses $\frac{p_s}{p_a} = 3{,}8$ bemessen würde.

Um die außerordentlich starken Änderungen der Tourenzahl zu vermeiden, die nach den errechneten Tabellenwerten notwendig werden, empfiehlt sich die auch aus anderen Rücksichten günstige Unterteilung der Ansaugeleistung auf mehrere Einheiten. Eine solche Unterteilung ist nicht nur in dem gerade vorliegenden Falle sondern auch bei allen andern Ausführungen der Druckstation vorteilhaft, um den Bedarfsschwankungen bequem und wirtschaftlich folgen zu können. Auch können die Reserven dann vielleicht auf einen einzigen Maschinensatz beschränkt werden, während bei Aufstellung eines einzigen Aggregates als Reserve ein ebensolches Aggregat, also die ganze Stationsleistung, vorhanden sein muß. Besonders günstig wird die Anlage, wenn man für alle Maschinen die Möglichkeit vorsieht, sowohl als Hochdruck- wie als Niederdruckteil arbeiten zu können. Dies ist in der Anlage durch eine geeignete Führung der Leitungen und Anordnug von Absperrorganen unschwer zu ermöglichen. Für die Maschine kommt höchstens mit Rücksicht auf die Verwendung als Hochdruckteil eine geringe Verstärkung der Triebwersteile in Frage, die Antriebsmaschinen bleiben in ihrer Leistung davon natürlich unberührt. Wählt man die Anzahl der Maschinen jeder Größe und das Verhältnis der Größen zueinander günstig, so ist es möglich, durch geschickte Schaltung der einzelnen Einheiten für alle Fördermengen eine ziemlich gute Belastung der in Betrieb befindlichen Maschinen zu erreichen. Auch mit den Reserven kommt man bei dieser Anordnung am vorteilhaftesten zurecht. Kann man bei allen Betriebsverhältnissen jede beliebige Maschine frei bekommen, so ist damit die Möglichkeit gegeben, alle Störungen zu vermeiden, wenn nicht etwa mehrere Maschinen gleichzeitig unbrauchbar werden. Dies braucht aber nicht vorausgesetzt zu werden, da die Maschinen keineswegs ungewöhnlich angestrengt werden und die Gefahr der Verschmutzung oder dergl. auch nicht besteht. Im Sommer, wo die Maschinen nur zum kleinen Teil zur Aufrechterhaltung des Betriebes notwendig sind, bietet sich außerdem die Gelegenheit zu umfangreicheren Instandsetzungen. Mit einer solchen Anlage ist auch die schon früher berührte Frage des 24 stündigen Betriebes befriedigend zu lösen. Wenn nur die Möglichkeit besteht, kleine Störungen, wie sie immer eintreten können, zu beheben, ehe sie größeren Umfang angenommen haben, und für alle Fälle eine ausreichende Reserve vorhanden ist, so ist gegen einen durchlaufenden Betrieb, besonders da die Höchstbelastung nur so verhältnismäßig kurze Zeit auftritt, kein Bedenken zu erheben.

In der Tabelle 12 ist das Beispiel eines Betriebsplanes gegeben für eine Anlage, die mit 5 Maschinen ausgerüstet ist, drei kleineren und zwei größeren mit der zweieinhalbfachen Ansaugeleistung der kleineren. Die größte Fördermenge soll von den beiden großen Maschinen bei 150 Umdr./min. angesaugt werden können. Für die bekannte Verteilung der Jahresmenge ergeben sich die in der

Zahlentafel 12.

Beispiel eines Betriebsplanes für eine Anlage mit 5 Maschinen.

(3 grosse Kompressoren mit 2,5facher Ansaugeleistung der 2 kleineren.)

Monat	Fördermenge in v. H. der mittler. Fördermenge	Verhältnis der Ansaugevolum. d. Niederdruckt. zum Hochdruckt.	Maschinen des Niederdruckt.		Umlaufzahl derselben		Maschinen des Hochdruckt.		Umlaufzahl derselben		Ausser Betrieb	
			grosse	kleine	grosse	kleine	grosse	kleine	grosse	kleine	grosse	kleine
			Maschinen		Maschinen		Maschinen		Maschinen		Maschinen	
	V_m	2,84	—	—	—	—	—	—	—	—	—	—
Januar .	126,0	3,16	2	—	104	—	—	2	—	83	—	1
Februar .	105,0	2,86	1	1	125	123	—	2	—	76	1	—
März . .	98,4	2,81	1	1	120	105	—	2	—	72	1	—
April . .	78,0	2,51	1	—	128	—	—	1	—	128	1	2
Mai . .	71,0	2,48	1	—	118	—	—	1	—	119	1	2
Juni . .	69,0	2,46	1	—	114	—	—	1	—	116	1	2
Juli . .	70,2	2,48	1	—	116	—	—	1	—	117	1	2
August .	78,5	2,51	1	—	130	—	—	1	—	129	1	2
Septbr. ,	96,5	2,78	1	1	115	115	—	2	—	72	1	—
Oktober .	118,0	3,06	2	—	97	—	—	2	—	80	—	1
Novbr. .	142,0	3,33	2	—	117	—	—	2	—	89	—	1
Dezember	147,0	3,42	2	—	121	—	—	2	—	90	—	1
	182,0*)	3,80	2	—	150	—	—	2	—	99	—	1
			od. 2	1	125	125	—	2	—	99	—	—
			od. 1	3	122	122	1	—	80	—	—	—

*) 1/200 der Jahressumme.

Tabelle angegebenen Möglichkeiten der Betriebsführung. Es soll dies durchaus nicht die für die angenommenen Verhältnisse günstigste Lösung darstellen, sondern nur ein Bild geben von der Art und Weise, wie eine solche Einteilung zu erfolgen hat. Die günstigste Unterteilung der Maschinensätze ist für bestimmte Verhältnisse leicht durch die Rechnung auszuprobieren. Für den Fall der größten Belastung sind in der Tabelle alle mit den 5 Maschinen möglichen Schaltungen angegeben. Sollte die aufgestellte Forderung erfüllt sein, daß bei allen Belastungen eine jede Maschine frei gemacht werden kann, so wäre als Reserve hier eine der größeren Maschinen erforderlich, denn die vorhandenen sind bei der Höchstbelastung beide notwendig. Eine solch große Maschine würde von der gesamten Ansaugeleistung der Anlage etwa ein Viertel ausmachen, eine bei den dargestellten Verhältnissen durchaus ausreichende Größe. Die in der letzten Spalte der Tabelle 12 gegebenen Zahlen über außer Betrieb befindliche Maschinen würden sich dann bei den großen Maschinen um je eins erhöhen.

Ein paar Worte noch über die Antriebsmaschinen. Die erste Anforderung, die an dieselben zu stellen ist, ist die einer sehr weitgehenden Regelbarkeit der Tourenzahl und Leistung. Eine Gaskompressoranlage wird bei den heutigen Verbrauchsverteilungen nur

Zahlentafel 13.

Leistungsschwankungen bei einer Kompressorzentrale für Gasfernversorgung.

Monat	Fördermenge in v. H. der mittleren Fördermenge	Leistung in v. H. der bei V_m erforderlichen	Leistung in v. H. der bei 1,82 V_m erforderlichen
	V_m	100,0	43,0
Januar	126,0	140,0	60,0
Februar	105,0	108,0	46,5
März	98,4	98,0	42,0
April	78,0	69,0	29,6
Mai	71,0	60,0	25,8
Juni	69,0	57,0	24,5
Juli	70,2	69,0	29,6
August	78,5	70,0	30,0
September	96,5	95,0	40,8
Oktober	118,0	127,0	54,5
November	142,0	166,0	71,3
Dezember	147,0	174,0	74,6
	182,0*)	233,0	100,0

(Werte Januar–Dezember der letzten Spalte: Jahresarbeit)

*) $^1/_{200}$ der Jahressumme

Summe der Jahresarbeit 529,2 $^0/_0$ des auf den Monat berechneten Durchschnitts.

Ausnutzungsfaktor $= {}^1/_{12} \cdot 529{,}2 =$ **44,0 v. H.**

einen sehr geringen Ausnutzungsfaktor erreichen können. In der Zahlentafel 13 sind die Leistungsschwankungen einmal auf mittlere Fördermenge und einmal auf die erforderliche Höchstleistung bezogen angegeben. Aus den letzten Werten ergibt sich der Ausnutzungsfaktor für das Jahr zu 44,0 vH. ohne Berücksichtigung der Reserven.

Bei hinreichender Unterteilung der Zentralenleistung auf mehrere Aggregate ist es wohl möglich, mit Gasmaschinen einen wirtschaftlichen Antrieb der Kompressoren zu erreichen. An sich würde sich ja die Kolbendampfmaschine am besten eignen, da man sie in Anbetracht ihrer Überlastbarkeit für eine günstige mittlere Leistung bemessen kann. Es müßte aber auf jeden Fall die Kesselanlage der Höchstleistung genügen können. Dampfanlagen würden in erster Linie bei den Erzeugungsstellen, den Zechen in Frage kommen, wo größere Dampfanlagen meist sowieso vorhanden sind. Die Gasmaschine ist, wie schon oben erwähnt, bei genügender Unterteilung der Leistung auf mehrere Aggregate ebenfalls ein brauchbarer Antrieb. Nur muß die Maschine in der Lage sein, bei sehr verschiedenen Tourenzahlen sowohl mit großer als wie mit kleiner Belastung durchaus sicher zu laufen. Dieser Anforderung kann aber heute genügt werden.

Für etwaige Zwischenstationen scheidet die Dampfanlage aus den verschiedensten Günden aus. Es wird sich hier um die Wahl zwischen Gas und Elektrizität handeln. Gegen die elektrische Maschine spricht, daß sie nur bei sehr teuren Anschaffungspreisen ihre Drehzahl wirtschaftlich innerhalb weiter Grenzen ändern kann. Andrerseits hat sie den Vorzug der Einfachheit. Sie wird ganz besonders in Betracht kommen, wenn es sich um Druckstationen handelt, die z. B. nur im Winter betrieben werden. Die Entscheidung für Gas oder Elektrizität zum Antrieb wird außer von der jährlichen Betriebszeit von den örtlichen Verhältnissen, von dem Vorhandensein von Wasser, von Elektrizität dieser oder jener Stromart oder dergl. mehr abhängig zu machen sein.

Aus den ganzen Darlegungen über die Maschinenanlagen geht mit besonderer Deutlichkeit hervor, daß es für die Gasfernversorgungen äußerst erstrebenswert ist, eine wenig schwankende Jahresbelastung zu haben. Dies könnte z. B. durch eine ausgedehntere Verwendung von Gas zu industriellen Zwecken erreicht werden. Ein Anfang in dieser Richtung ist ja schon an verschiedenen Stellen zu verzeichnen, indem u. a. für Martinstahlwerke statt der Generatorgase Koksgase verwendet werden.

Zusammenfassung.

Es werden die für die Anlage und den Betrieb von Gasfernleitungen wichtigen Gesichtspunkte erörtert. Nach einer Übersicht über verschiedene für die Bestimmung des Druckverlustes in den Leitungen aufgestellte Formeln, die im nordamerikanischen Naturgasgebiet gebräuchlich sind, und über die wesentlichsten neueren Strömungsformeln wird ein Ausdruck für den Reibungsverlust vorgeschlagen, der eine verhältnismäßig einfache Gestaltung der Rechnungen bei hinreichender Genauigkeit zuläßt. Auf Grund dieses Ausdrucks wird die Ermittlung des wirtschaftlich günstigsten Rohrdurchmessers für einfache und verzweigte Leitungen sowie für schwankende Fördermenge behandelt. Der Einfluß hoher Leitungsdrücke auf die Undichtigkeitsverluste wird untersucht. Ein weiterer Abschnitt befaßt sich mit der Frage, ob bei längeren Leitungen die einmalige oder die streckenweise unterteilte Druckerzeugung vorteilhafter ist. Die Benutzung der Gasleitung selbst als Vorratsbehälter wird erörtert. Zum Schluß werden einige Angaben über die maschinentechnische Seite der Anlage und des Betriebes der Druckstationen gemacht.

Tafel I

Gesamtkosten für die Förderung von 3000000 m/Jahr auf verschiedene Entfernungen. Ab

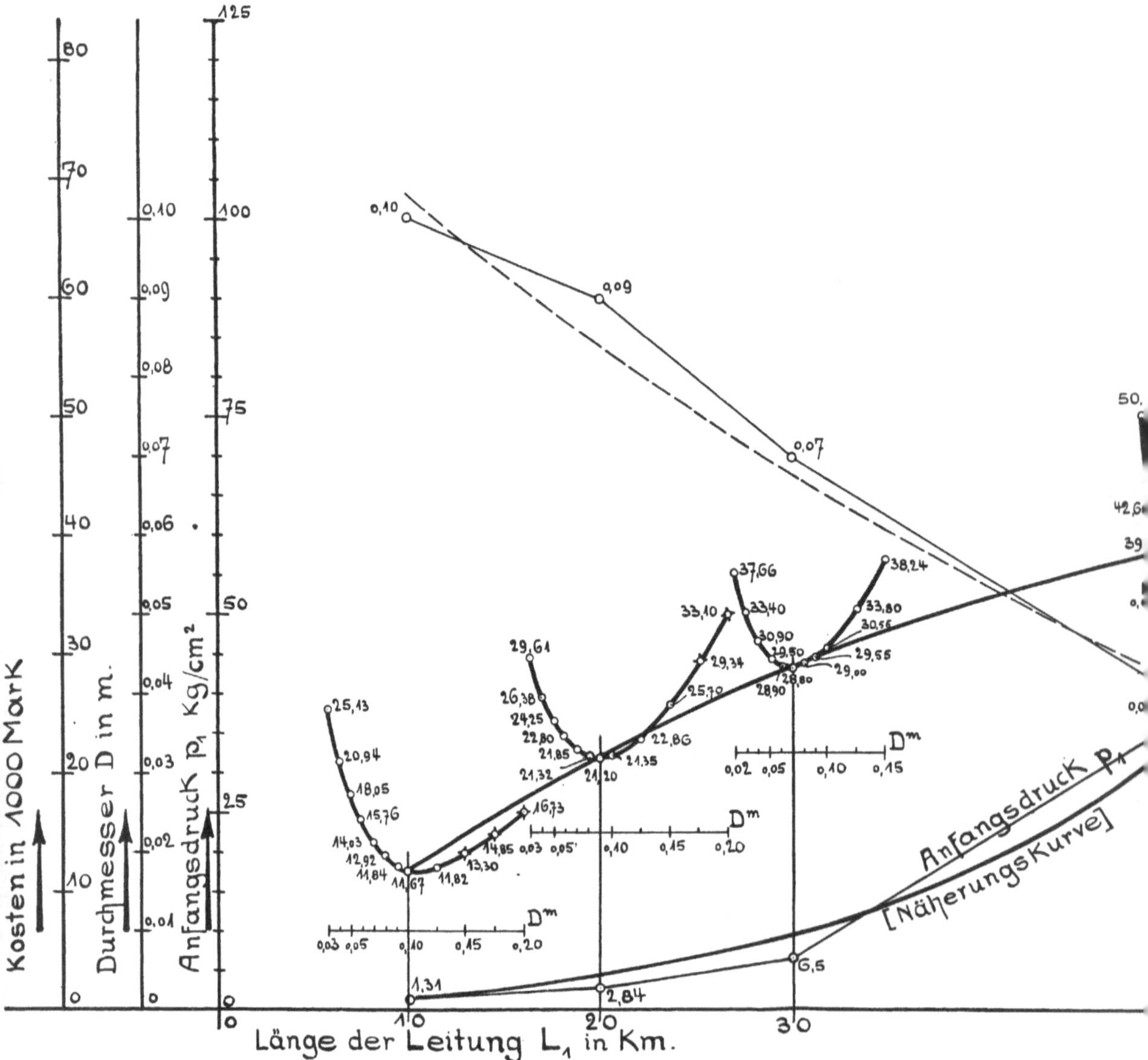

A

Für die mit ⌧ bezeichneten Punkte sind die Betriebskosten nach der Formel $K_B = \frac{1}{\eta} \cdot 4{,}68 \cdot Va \cdot (P_1 - Pa)$ ermitte

Hempelmann, Anlage und Berechnung von Gasfernleitungen.
Verlag von M. Krayn, Berlin W.

gigkeit des günstigsten Rohrdurchmessers und des Betriebsdruckes von der Leitungslänge.

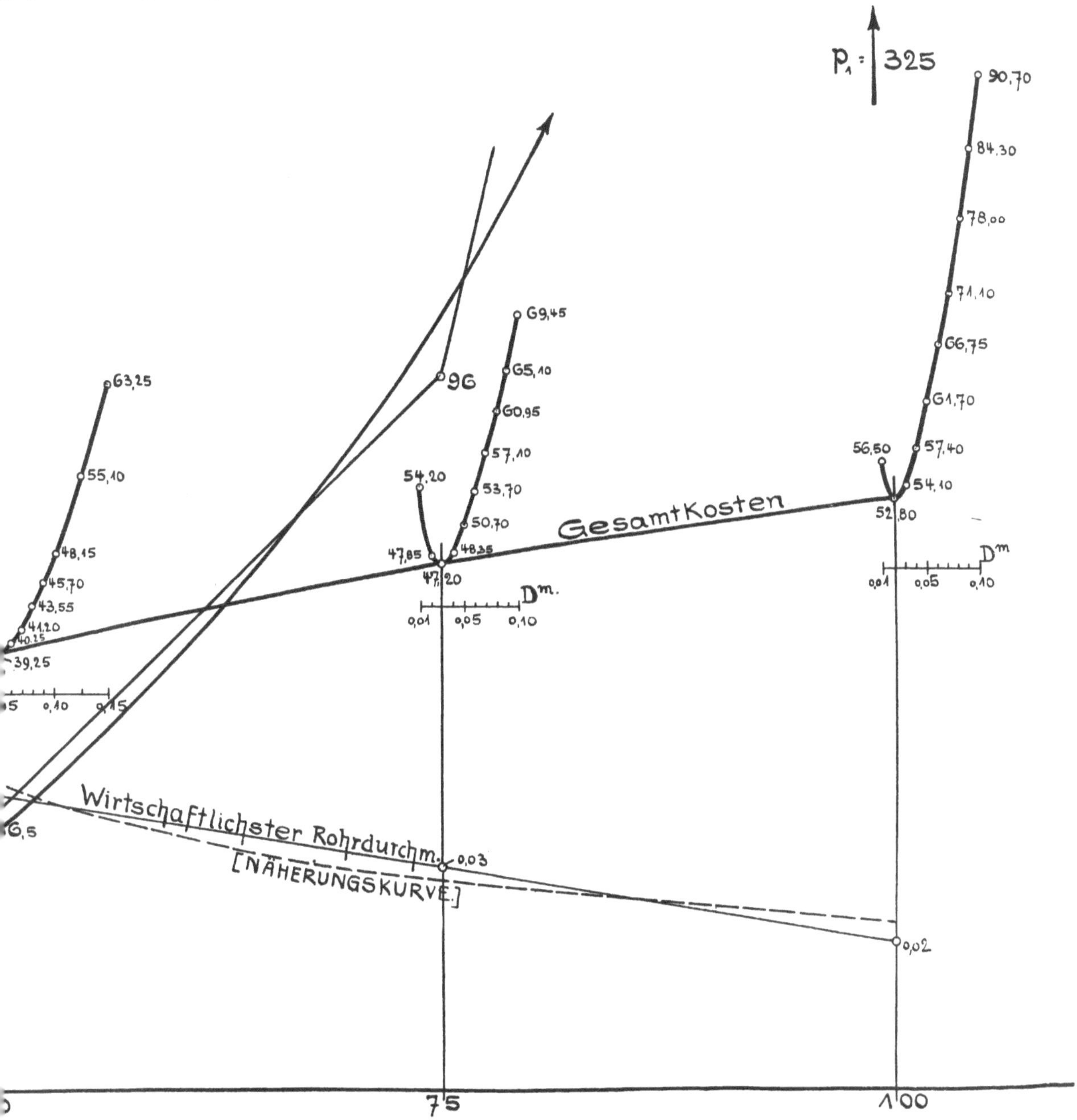

rden. [η = 0,60.]

Tafel II

Gesamtkosten für die Förderung verschiedener
Abhängigkeit der Kosten pro Volumeneinheit, des günstigsten

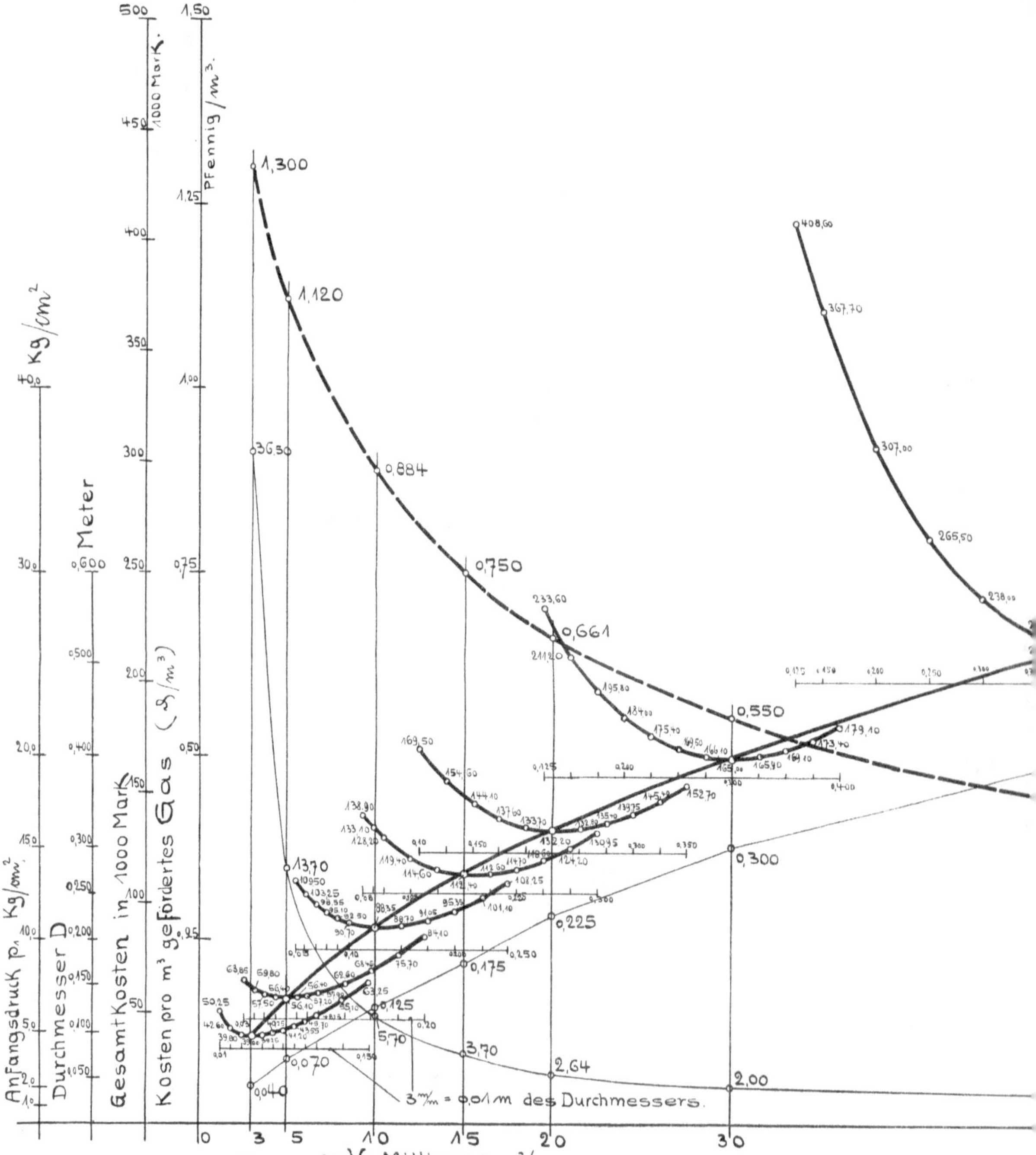

Für die mit ⌧ bezeichneten Punkte sind die Betriebskosten nach der Formel $K_B = \frac{1}{\eta} \cdot 4{,}68 \cdot V_a \cdot (P_1 - P_a)$ ermittelt worden. [$\eta = 0{,}60$]

Abb. 7.

Hempelmann, Anlage und Berechnung von Gasfernleitungen.
Verlag M. Krayn, Berlin W.

smengen auf gleiche Entfernung von 50.00 km.
urchmessers und des Betriebsdruckes von der Fördermenge.

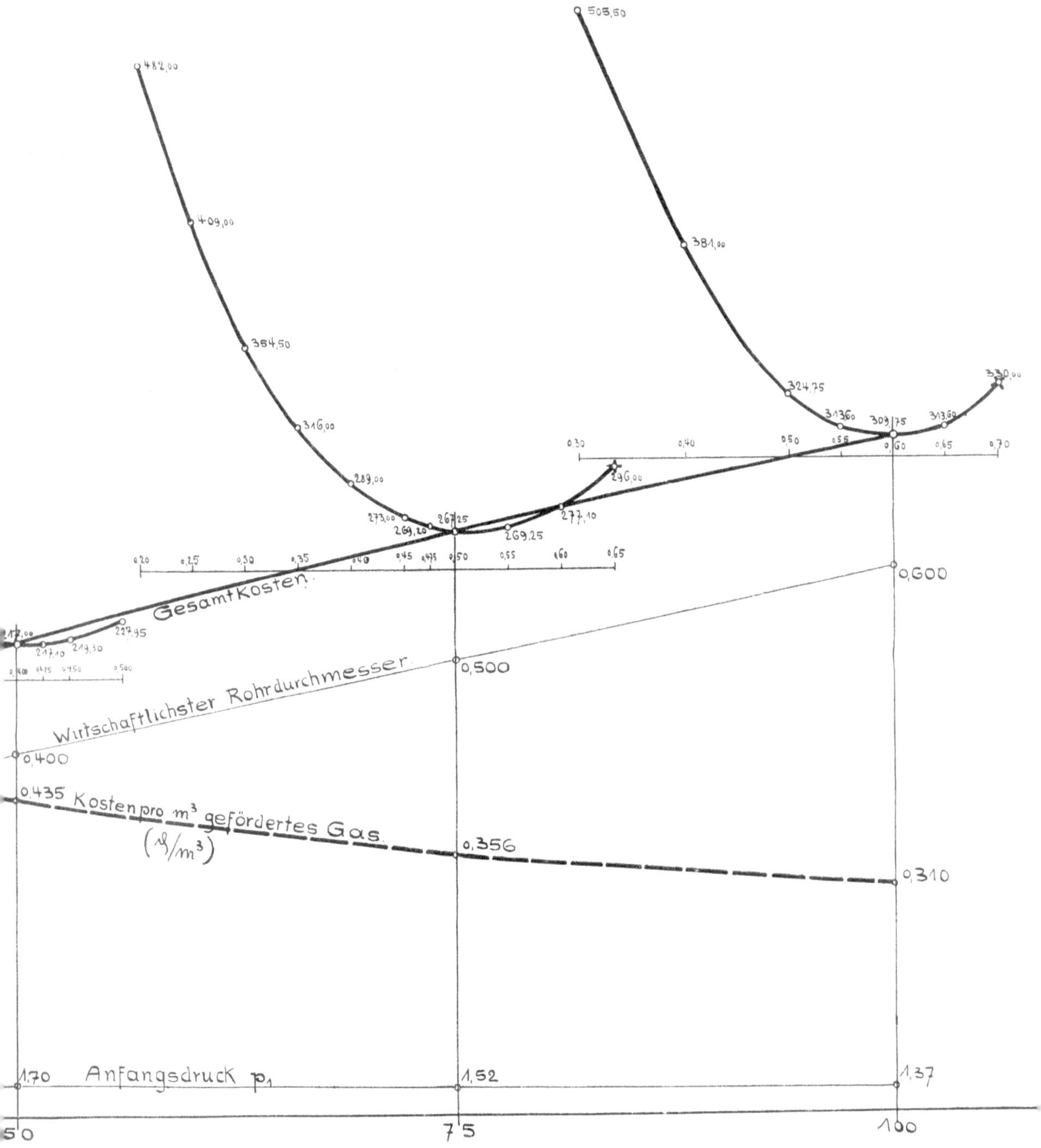

Druck von Rosenthal & Co., Berlin NW. 21, Alt-Moabit 105

MIX

Papier | Fördert gute Waldnutzung

FSC® C083411

Zeitfracht Medien GmbH
Ferdinand-Jühlke-Straße 7
99095 Erfurt, Deutschland
produktsicherheit@kolibri360.de